Ali Ganoun

Suivi de Structure Déformable

Ali Ganoun

Suivi de Structure Déformable

Le suivi d'objet dans les séquences d'images

Presses Académiques Francophones

Impressum / Mentions légales

Bibliografische Information der Deutschen Nationalbibliothek: Die Deutsche Nationalbibliothek verzeichnet diese Publikation in der Deutschen Nationalbibliografie; detaillierte bibliografische Daten sind im Internet über http://dnb.d-nb.de abrufbar.

Information bibliographique publiée par la Deutsche Nationalbibliothek: La Deutsche Nationalbibliothek inscrit cette publication à la Deutsche Nationalbibliografie; des données bibliographiques détaillées sont disponibles sur internet à l'adresse http://dnb.d-nb.de.

Coverbild / Photo de couverture: www.ingimage.com

Verlag / Editeur:
Presses Académiques Francophones
ist ein Imprint der / est une marque déposée de
OmniScriptum GmbH & Co. KG
Heinrich-Böcking-Str. 6-8, 66121 Saarbrücken, Deutschland / Allemagne
Email: info@presses-academiques.com

Herstellung: siehe letzte Seite /
Impression: voir la dernière page
ISBN: 978-3-8416-2636-3

Remerciements

Les travaux présentés dans ce livre ont été réalisés au sein du Laboratoire d'Electronique, Signaux, Images de l'Université d'Orléans.

Avant tout propos, je suis reconnaissant à mon Dieu ALLAH pour m'avoir aidé à finir ce travail.

Mes remerciements s'adressent à **Raphaël CANALS**, mon encadrant de thèse, qui m'a introduit dans ce domaine de recherche. Je le remercie pour m'avoir aidé et encouragé, pour sa compréhension, sa gentillesse et son soutien tout au long de cette thèse.

Je tiens à remercier mon directeur de thèse, **Rachid HARBA**, directeur du LESI, pour m'avoir accueilli au sein de son laboratoire.

Je tiens à exprimer mes remerciements à Université de Garyounis, en Libye, pour son soutien financier qui m'a permis de mener à bien cette étude.

Monsieur **James CROWLEY**, professeur à l'Institut National Polytechnique de Grenoble, et monsieur **Michel DHOME,** directeur de recherche CNRS au LASMEA de Clermont-Fd, trouvent ici le témoignage de ma gratitude pour tous leurs commentaires, remarques et suggestions qui furent fructueux et bénéfiques.

Je suis très reconnaissant à monsieur **Partick PEREZ,** directeur de recherche à l'INRIA de Rennes et monsieur **Gilles GRENIER** de EADS à Munich, d'avoir examiné ce travail.

Je voudrais remercier et marquer ma sympathie à l'ensemble du personnel, permanents et doctorants du LESI qui ont fait de mon séjour en France et plus précisément dans le laboratoire, une expérience inoubliable et qui ont contribué à enrichir cette thèse par leurs travaux et de nombreuses discussions. Je voudrais remercier très spécialement **Elizabeth ROWLEY-JOLIVET**, **Rémy LECONGE**, **Vincent GUILLET**, **Nouar OULD-DRIS**, **Gabriel AUFORT**, **Ahmad ALMHDIE**, **Rachid JENNANE** et **Sylvie TREUILLET** pour leur aide précieuse.

Je voudrais remercier tous mes amis et leurs familles ici, en France, aussi bien qu'en Libye et à l'extérieur de la Libye, pour leurs soin et encouragements.

Mes remerciements vont aussi naturellement à ceux qui m'ont soutenu pendant ces longues années d'études, ma mère, mon père, mes frères et soeurs pour leurs encouragements continus.

Enfin, je remercie ma femme **Maryam**, mes filles **Nada** et **Saher**, mon fils **Zead** pour leur patience pendant ce travail. Leur soutien m'a beaucoup aidé personnellement pour pouvoir mener ce travail à son terme.

Ali Ganoun,
Orléans, France, le 10 avril 2007.

Table des matières

Chapitre 1 :   Introduction

Les techniques de suivi d'objet visent à déterminer la position dans l'image au fur et à mesure de la séquence. Elles doivent pouvoir gérer les interactions complexes et la dynamique dans les séquences, telles que les occultations, le mouvement de la caméra, les changements d'éclairage et d'angle de vue.

Les utilisations du suivi n'en sont pas moins variées dans les applications basées sur l'image comme les interfaces homme-machine [1], la communication vidéo avec compression [2], les systèmes de surveillance [3], [4], la vision par ordinateur, l'automatique industrielle et d'autres applications spécifiques.

Le problème du suivi d'objet peut être vu comme un processus composé de deux phases : la phase d'initialisation ou de segmentation dans laquelle nous définissons dans l'image k l'objet à suivre, et la phase de suivi pendant laquelle nous recherchons l'objet dans les images successives k+1, ..., K.

L'objectif à long terme étant l'implantation de plusieurs méthodes de suivi d'objet sur un système embarqué, nous nous focalisons sur l'utilisation de séquences d'images en niveaux de gris, permettant ainsi de réduire à la fois la quantité d'informations à sauvegarder et les temps de traitement en vue d'un fonctionnement temps réel. De plus, nous nous limitons au suivi d'un objet unique pour réduire la complexité algorithmique.

1.1- Problématique

Pour réaliser le suivi, nous avons généralement besoin d'un modèle pour décrire la cible. Cette description peut consister en l'apparence de la cible, son histogramme, ses contours, sa forme et/ou d'autres caractéristiques. La sortie d'un algorithme de suivi est la position estimée de la cible au fil du temps.

Le problème du suivi d'objet dans une séquence d'images est présenté en Figure 1.1 dans laquelle nous sommes intéressés à suivre un objet, déformable ou non, dans une séquence d'images. De manière générale, il y a un changement de forme et de position entre les deux images successives, i.e. entre R_0 et R_1. Le problème du suivi de R_0 de I^k à I^{k+1} est formulé comme le problème d'estimation de R_1, étant donnés R_0, I^k et I^{k+1}.

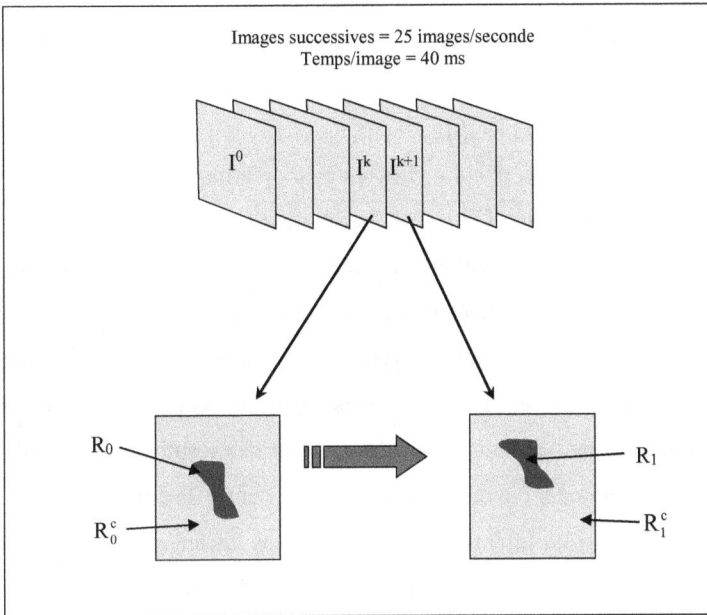

Figure 1.1 : Problème du suivi d'objet en temps réel.

1.2- Etat de l'Art et Contributions

Dans cette section, nous rappelons les techniques de segmentation ainsi que les différentes méthodes qui ont été proposées pour résoudre le problème du suivi d'objet. Nous présentons aussi les principales contributions de cette thèse.

1.2 .1 - Segmentation

Dans le cadre de la segmentation d'objets, quatre principales approches permettant de résoudre le problème de segmentation sont décrites dans la littérature : l'approche basée sur les techniques de seuillage, l'approche basée sur les contours, l'approche basée sur les régions et finalement les approches hybrides.

Les techniques de seuillage sont des outils simples mais efficaces pour séparer les objets du fond dans de nombreuses applications où les niveaux de gris des pixels de l'objet diffèrent des niveaux de gris des pixels correspondant au fond [5], [6].

L'approche contours, quant à elle, tente de déterminer les frontières entre les régions d'une image [7], [8], [9] alors que l'approche région s'appuie sur l'homogénéité et la similarité à l'intérieur de chaque région, au sens de certains critères de propriétés spatiales, comme dans les méthodes de type croissance de région [10] et de type division-fusion [11]. Dans le même temps, nous trouvons des techniques hybrides combinant différentes techniques de segmentation et qui fournissent des résultats bien meilleurs que ceux qui auraient été obtenus par l'une ou l'autre de ces techniques.

Il existe dans la littérature de nombreuses techniques hybrides qui diffèrent les unes des autres par la manière d'intégrer ces techniques. Haddon et Boyce [12] ont par exemple présenté une méthode unifiant l'information de région et une détection de contours au sein d'une approche basée sur les matrices de cooccurrence. Pavlidis et Liow [13] ont décrit une technique intégrant une croissance de région et une détection de contours : la technique démarre avec une région qui grossit au fur et à mesure de son évolution suivie par une détection de contours.

Moscheni *et al.* [14] ont employé une technique de fusion de régions pour une segmentation spatio-temporelle qui se fonde uniquement sur l'information existant dans deux images consécutives d'une séquence vidéo, sans connaissance a priori sur le nombre d'objets caractéristiques dans la scène. Le travail de Yezzi *et al.* [15] propose un modèle de courbes de niveau utilisant l'approche couplée d'évolution de courbe pour segmenter des objets ; ce modèle est établi à la fois sur des considérations géométriques et statistiques. Une approche semblable est également employée par Chan *et al.* [16], [17] pour détecter des contours avec ou sans information de gradient. Ces deux dernières approches sont basées sur la minimisation d'une fonction d'énergie de type Mumford-Shah.

Le principal inconvénient de ces approches est le coût élevé en temps de calcul pour résoudre l'équation différentielle partielle non linéaire. Gibou et Fedkiw [18] présentent une technique pour réduire le modèle de Chan-Vase à un simple algorithme des K-moyennes avec une étape de diffusion non linéaire prépossédante, et proposent un nouvel algorithme hybride qui réduit le coût de calcul de l'algorithme puisqu'il bénéficie de la simplicité et de l'efficacité des K-moyennes tout en préservant la robustesse de l'algorithme des courbes de niveau.

Une de nos contributions dans ce travail est présentée dans le chapitre 2. Elle se situe dans la manière d'intégrer l'information de région avec l'information de gradient dans une approche de type Fast Marching (FMM) [19]. Cette méthode est une variante de la technique standard des courbes de niveau qui résout les problèmes de valeurs sur les frontières de l'objet à définir ; elle constitue également un cadre permettant d'unifier ces deux types d'information dans le but de segmenter automatiquement l'objet qu'il faudra ensuite suivre. Le FMM suppose qu'en chacun des points définissant le contour de l'objet, l'interface se propage dans la direction normale à elle-même avec une vitesse positive ou négative qui dépend seulement de la position du point. Notre travail s'apparente, d'une certaine façon, à celui d'Adams et Bischof [20] et celui de Gambotto [21]. Toutes ces approches intègrent l'information de gradient et les informations statistiques de région, mais diffèrent dans la manière dont ces informations sont combinées.

1.2.2 - Suivi d'objet

Dans la littérature, de nombreuses méthodes ont été développées pour résoudre le problème du suivi d'objet, s'étendant des approches simples aux plus complexes [22]. La plus simple de ces techniques est basée sur la détection de primitives visuelles et leur suivi en utilisant la corrélation. D'autres méthodes traitent le contour ou la région en utilisant une procédure de segmentation pour isoler et suivre les objets dans les séquences d'images [23], [24].

La méthode des courbes de niveau « Level Set Method LSM », présentée par Osher et Sethian [25], est basée sur l'équation différentielle partielle de courbe de niveau à valeur initiale. Cette méthode réalise le suivi de l'évolution d'une fonction implicite dépendante du temps dont le niveau zéro correspond toujours à la position de l'interface de propagation définissant le contour de l'objet à suivre.

Au cours de ces dernières années, il y a eu un développement rapide dans l'utilisation du LSM comme algorithme de base dans de nombreuses applications impliquant de la segmentation ou du suivi d'interfaces, comme dans la vision par ordinateur avec la détection et l'identification de forme. Il faut noter que les raisons principales du développement rapide des applications utilisant le LSM sont diverses et variées [19], [26] :

- La flexibilité du LSM.
- Le LSM résout les problèmes d'instabilité associés aux méthodes explicites puisqu'une surface fermée est représentée implicitement par la courbe de niveau zéro de la fonction.
- Il permet la gestion automatique d'éventuels changements de topologie, tels que la division ou la fusion.
- En utilisant l'algorithme de LSM, il est possible de travailler dans n'importe quelle dimension de l'espace sans grandes modifications.

Un problème avec l'algorithme LSM standard est qu'il est trop lent pour les applications temps réel. En effet, cet algorithme nécessite la mise à jour et le calcul de la fonction pour tous les points de l'image et pas uniquement pour la courbe de niveau zéro. Par conséquent, le développement d'un algorithme rapide et efficace est de grande importance. Parmi les algorithmes rapides relatifs à l'approche LSM, on trouve la FMM [19] et la « Narrow Band Method » (NBM) [19], [27].

L'application du FMM au problème de suivi n'est pas adaptée à notre besoin à cause de ses caractéristiques, comme mentionné précédemment, puisque l'interface de propagation se déplace seulement dans une direction. Le NBM, quant à lui, calcule l'évolution des ensembles de niveau uniquement dans une bande étroite autour de l'interface d'intérêt ; la qualité de cette approche dépend de la largeur de la bande étroite choisie. Le problème avec cette approche est de trouver la bande optimale qui permet d'obtenir le meilleur compromis entre la largeur de la bande et le temps pour mettre à jour la position et les points de la bande étroite quand l'interface de propagation se déplace et arrive au bord de la bande étroite. En général, la méthode à bande étroite est toujours trop lente pour être employée dans des applications temps réel.

Des extensions à l'approche NBM pour le calcul rapide des équations des courbes de niveau sont proposées par Mansouri [28] qui utilise des principes à la fois pyramidaux et de bande étroite. Dans [29], les auteurs décrivent un algorithme rapide pour suivre des interfaces mobiles basé sur l'approche des courbes de niveau. Cet algorithme repose à la fois sur une file d'attente des informations de contour pour gérer les phénomènes temporels de propagation et sur une mesure de la courbure du contour qui peut être mise à jour de manière très efficace.

Deux techniques sont proposées dans le chapitre 2 pour résoudre les deux principaux problèmes du suivi de cible : le coût de calcul et la robustesse de l'algorithme pour le suivi des objets. La première est une méthode rapide, la « Signed Function Method » (SFM), permettant de diminuer le coût de calcul de l'algorithme standard, basée à la fois sur l'utilisation du signe de la fonction de vitesse au lieu d'employer sa valeur et sur l'utilisation d'une zone spécifique autour de la courbe de niveau zéro [30].

Le SFM est donc basé sur l'utilisation du signe de la fonction de vitesse des courbes de niveau au lieu d'employer directement sa valeur, comme avec le LSM standard. Une idée similaire quant à l'utilisation du signe de la fonction des courbes de niveau pour diminuer le coût de calcul lors de la segmentation d'objet a déjà été présentée précédemment dans le travail de Gibou et Fedkiw [18] et dans celui de Song et Chan [31]. Les deux approches ont proposé quelques méthodes rapides basées sur la formulation de segmentation de Chan-Vese [16], [17], qui est étroitement liée à l'algorithme classique de Mumford-Shah, mais qui utilise un concept simplifié de courbes de niveau pour son exécution. Ainsi Gibou et Fedkiw ont proposé une nouvelle technique numérique hybride de segmentation qui tire bénéfice de la simplicité et de l'efficacité de la méthode des K-moyennes tout en préservant la robustesse des algorithmes de courbes de niveau. Ils emploient alors le signe de la fonction de courbe de niveau afin d'obtenir le résultat de segmentation. Song et Chan, quant à eux, ont développé une méthode rapide pour résoudre une classe de problème d'optimisation avec une représentation par courbe de niveau qui permet de faire décroître une énergie de segmentation similaire à celle de Mumford-Shah en testant simplement en chaque point si l'énergie diminue ou pas quand ce point est déplacé de l'intérieur de la courbe de niveau vers l'extérieur ou vice-versa. Cette approche emploie directement la valeur de la fonction objective, sans nécessité de son gradient ou de l'équation correspondante d'Euler-Lagrange, pour déterminer le signe de la fonction de la courbe de niveau.

Ainsi un algorithme modifié de SFM, le Nouveau SFM (NSFM), est présenté au chapitre 2 : il réduit le coût de calcul du SFM en diminuant le nombre d'itérations requises dans le processus de suivi à seulement une seule itération.

Un autre problème lié à l'approche LSM est la robustesse de l'algorithme de suivi, en particulier lorsqu'on travaille avec des images réelles ; ce problème motive notre présentation de la technique de voisinage. Cette technique de voisinage augmente la robustesse de l'algorithme de suivi en considérant l'effet moyen des points voisins au lieu de l'effet du seul point étudié quand nous calculons la force statistique agissant en chaque point pendant le processus de suivi [32], [33].

Les techniques de filtrage et d'association de données sont également largement appliquées dans la vision par ordinateur pour diverses applications de suivi, comme dans le travail de Rasmussen et Hager [34] qui ont adapté des filtres probabilistes d'association de données pour suivre des objets visuels complexes. Dans l'approche filtrage et association de données, la technique de filtrage particulaire est de tout intérêt ici ; c'est une méthodologie bayésienne qui applique un filtre récursif, basée sur des échantillons de l'objet à suivre [35], [36].

Un autre problème lié au suivi d'objet est celui de l'occultation, qu'elle soit partielle ou totale. L'occultation partielle masque quelques parties de la cible tandis que l'occultation complète cache entièrement la cible pendant quelques instants.

De nombreuses techniques existent pour gérer le problème d'occultation avec des modèles probabilistes de filtrage particulaire, comme dans le travail de Nummiaro et al. [37] qui présentent un système pour suivre des gens en présence d'occultation. Leur méthode de suivi ajoute la robustesse et l'invariance de distributions des couleurs au filtrage particulaire.

Le modèle de suivi probabiliste proposé dans [38] met en œuvre un filtrage particulaire pour une meilleure gestion du désordre dans les couleurs du fond de l'image, ainsi que d'une occultation complète de l'objet à suivre durant quelques images de la séquence.

Jepson *et al.* [39] proposent une approche récursive adaptative en employant un mélange de trois composants probabilistes d'apparence : un composant stable (pour les propriétés stables acquises durant les phases d'apprentissage sur des périodes de temps assez longues), un composant de gestion des transformations entre deux images successives (pour les propriétés changeant rapidement) et un composant d'occultation pour traiter les points aberrants. Ils ont montré que leur approche était robuste en ce qui concerne les occultations partielles.

Dans le chapitre 3, nous proposons un système de gestion d'occultation basé sur une structure de filtrage particulaire qui améliore significativement la performance du suivi en présence d'occultation partielle. Zhou *et al.* [40] ont déjà proposé une technique similaire ; dans leur article, le traqueur visuel repose sur un modèle d'apparition adaptatif, un modèle de mouvement de vitesse avec une variance de bruit adaptative et un nombre adaptatif de particules, avec une gestion d'occultation via des statistiques robustes. L'occultation est déclarée quand le nombre de valeurs aberrantes dans l'objet d'intérêt comparé avec le modèle d'apparence excède un seuil : le modèle d'apparition ne doit alors pas être mis à jour. Notre approche diffère de leur solution dans le fait qu'elle ne garde pas uniquement des transformations affines et dans la technique de considérer l'occultation.

Certaines techniques de suivi sont basées sur des approches statistiques, comme les méthodes reposant sur les champs de Markov dans lesquels la détection de mouvement est traitée comme un problème d'évaluation statistique [41]. Une autre technique mettant en œuvre l'algorithme itératif de MeanShift a été mise en œuvre pour la première fois par Cheng [42] en 1995. Depuis, cet algorithme est très utilisé dans les méthodes de suivi d'objets déformables. Comaniciu [43] a, par exemple, utilisé le MeanShift pour déterminer la cible candidate à partir d'une mesure de similarité avec le modèle de la cible exprimée par le coefficient de Battacharrya. Cette mesure de similarité est une forme de corrélation entre deux histogrammes, l'un représentant le modèle de cible et l'autre la cible candidate. La procédure du MeanShift nous permet donc de localiser le maximum de densité dans l'image de probabilité. C'est un algorithme itératif qui permet de converger vers une position définissant ce maximum de densité. Il nécessite une initialisation et utilise donc la position trouvée dans l'image précédente pour localiser la cible.

La bibliothèque de vision par ordinateur « Intel Corporation » [44] propose une autre technique robuste et non paramétrique : elle contient une implémentation de l'algorithme de CamShift qui utilise un histogramme monodimensionnel pour suivre un objet avec un teinte connue dans des séquences d'images couleur. La difficulté de cette technique apparaît lorsqu'on souhaite employer le CamShift pour suivre des objets sans connaissance a priori ni phase d'apprentissage, et où la teinte à elle seule ne permet pas de bien modéliser l'objet à suivre. Dans [45], il a été établi que l'utilisation d'un histogramme tridimensionnel résout ce problème et mène à l'amélioration de la localisation de la cible.

Trouver les centroïdes de l'objet à suivre est un problème qui peut être résolu en utilisant l'algorithme de CamShift. Le CamShift est basé sur l'image de la densité de probabilité qui peut être déterminée en utilisant n'importe quelle méthode associant une valeur de pixel à une probabilité que ce pixel appartient à la cible ; on peut citer par exemple la méthode de rétro-projection d'histogramme. Cette méthode permet d'obtenir une image de la densité de probabilité qui est traitée par l'algorithme itératif de CamShift afin de trouver le maximum de la densité et par conséquent le centroïde de l'objet. La taille, l'élongation et l'orientation de la cible peuvent être facilement déterminées en utilisant les moments [42], [46].

L'algorithme de CamShift a été appliqué dans [46] pour suivre le visage dans une séquence vidéo.

L'algorithme de CamShift nous a permis de construire une carte de densité de probabilité sur laquelle on exploite les propriétés de l'algorithme de MeanShift afin de retrouver la nouvelle position ainsi que les nouvelles dimensions de la cible.

Chaque image de la séquence est convertie en carte de densité de probabilité relativement à l'histogramme de l'objet à suivre. A partir de ces cartes, le centre et la taille de la cible sont déterminés en utilisant les divers moments. Ces moments sont très utilisés en physique pour décrire la répartition de masse d'un corps : ils sont invariants aux transformations affines et présentent des caractéristiques très pratiques [46]. Pour une image, nous utilisons la répartition des niveaux de gris ou une image binaire qui donne la description de la forme et nous convergeons vers le centre de gravité de l'objet calculé à l'aide des moments.

Dans le chapitre 3, nous proposons une nouvelle approche de suivi d'objet dans des séquences d'images couleur, basée à la fois sur l'algorithme de CamShift et sur la modélisation de la cible à suivre. Dans notre approche, le modèle est construit sur deux canaux de couleur : le premier correspond au canal représentant le mieux la cible et le second à celui décrivant le moins bien le fond [47].

Pour ce qui est des séquences d'images en niveaux gris, la densité de probabilité n'est pas précise et souvent incertaine. De plus, elle inclut d'autres régions ayant les mêmes moyennes de niveau de gris que les régions de la cible ; l'algorithme de CamShift commet alors des erreurs en évaluant la nouvelle position de la cible. En effet, selon l'objet à suivre et l'environnement dans lequel il évolue, l'algorithme de CamShift appliqué sur des séquences d'images en niveaux de gris peut fournir directement les images successives de distribution de probabilité correctes ou présenter une image de probabilité croissante au fur et à mesure de la séquence. Cette croissance d'objet est principalement due à la similarité des niveaux de gris entre le modèle de l'objet et le fond, mais aussi à une taille non limitée de la fenêtre de recherche. Afin d'apporter une solution à notre problématique, nous proposons de prédire le déplacement de la cible dans le but de réduire la taille de la fenêtre de recherche dans laquelle la distribution de probabilité est calculée. Nous présentons ainsi une nouvelle structure algorithmique combinant une mise en correspondance de points d'intérêt et le traqueur CamShift dans un contexte d'images en niveaux de gris [48].

L'évaluation de la performance des algorithmes de suivi est une étape importante pour améliorer les techniques de suivi [49], [50]. Dans [51], les auteurs proposent une approche d'évaluation des performances pour un système d'assistance à la conduite. Ainsi proposent-ils d'évaluer la performance du système en quantifiant la précision de position du véhicule sur la route en utilisant trois métriques différentes ; l'écart-type de l'erreur, l'erreur absolue moyenne et l'écart-type de l'erreur dans le rythme de changement de position sur la voie de circulation.

Un certain nombre de techniques d'évaluation de performance fonctionnent sans avoir à réaliser de comparatif avec la vérité terrain (Ground Truth GT) [52], [53]. Dans [53], les auteurs proposent une évaluation de performance quantitative de techniques de suivi et de segmentation en employant des différences spatiales de couleur et de mouvement le long des contours des objets. La couleur et les mesures de mouvement sont combinés pour obtenir des notes qui reflètent le succès de la segmentation et du suivi. Pour valider leur technique, ils proposent une analyse de corrélation canonique entre leurs résultats de performance et des mesures obtenues avec le GT.

Une autre méthode pour l'évaluation de performance du suivi dans les séquences vidéo a été définie dans [54]. Le cadre d'évaluation proposé consiste en la réalisation manuelle de quelques données GT sur des séquences de vidéosurveillance et de générer alors des séquences pseudo-synthétiques avec GT intégré. Celles-ci peuvent ensuite être utilisées pour caractériser de manière quantitative la qualité des algorithmes de suivi.

Nous proposons ici d'évaluer les performances des techniques de suivi en considérant les mesures suivantes : l'erreur de suivi, la robustesse du suivi et le temps de traitement. Notre technique d'évaluation est similaire au protocole décrit dans [55]. L'erreur de suivi représente l'erreur cartésienne entre le centre de masse de l'objet découlant du résultat de suivi et le centre de masse optimal calculé à partir du GT. La robustesse est la mesure de stabilité du résultat de suivi qui se rapporte, dans notre cas, au pourcentage de convergence ; ce pourcentage correspond au nombre de tests, sur un total de 10 tests, pour lesquels l'algorithme fournit un résultat correct.

1.3- Plan du mémoire

Cette thèse est organisée selon le plan suivant :

Chapitre 2 : **Suivi d'Objet basé sur la Méthode des Courbes de Niveau**

Ce chapitre explique comment la méthode des courbes de niveau peut être utilisée comme approche de segmentation et de suivi. La première partie pose le problème de la segmentation. Nous proposons une approche de type "Fast Marching" qui utilise de manière simultanée l'information statistique de région et l'information de gradient dans l'image afin d'accroître la robustesse de segmentation. La deuxième partie est consacrée à la méthode de suivi et explique comment le coût calculatoire peut être réduit afin d'atteindre des objectifs de fonctionnement temps réel. Nous présentons également la manière dont nous utilisons le voisinage du point traité pour améliorer les résultats de suivi.

Chapitre 3 : **Suivi d'Objet avec Gestion d'Occultation par Filtrage Particulaire**

Le troisième chapitre est dédié à la technique du filtrage particulaire. Alors que le filtrage particulaire est habituellement utilisé avec des séquences d'images couleur, nous utilisons la représentation en niveaux de gris pour tenter de réduire les temps de calcul. Cette approche est très robuste puisqu'elle peut gérer l'occultation de l'objet à suivre, tout comme le bruit de suivi tel que des conditions de variations d'éclairage et des changements de points d'observation.

Chapitre 4 : **Suivi d'Objet basé sur l'approche de CamShift pour des Images Couleur**

L'approche de CamShift est elle aussi généralement utilisée sur des séquences couleur. Dans ce chapitre, nous proposons une nouvelle approche de suivi d'objet dans des séquences d'images couleur, basée à la fois sur l'algorithme de CamShift et sur la modélisation de la cible à suivre, l'objectif étant ici de réduire le nombre d'informations à traiter pour gagner en temps d'exécution. Dans notre approche, le modèle est construit sur deux canaux de couleur : le premier correspond à la meilleure représentation de la cible et le second à la description la moins acceptable du fond.

Chapitre 5 : **Suivi d'Objet basé sur l'Approche CamShift et les Points d'Intérêt pour des Images en Niveaux de gris**

Ce chapitre décrit une méthode de suivi d'objet combinant une mise en correspondance de points d'intérêt et l'approche

CamShift dans des séquences d'images en niveaux gris. Les points d'intérêt sont employés pour favoriser la flexibilité du mécanisme de suivi d'objet déformable tandis que l'algorithme de CamShift permet d'obtenir des résultats de suivi avec une robustesse élevée, ceci malgré l'information limitée généralement présente dans les séquences d'images réelles en niveaux de gris.

Chapitre 6 : **Evaluation et Bilan Comparatif des Techniques de Suivi**

Dans ce chapitre, nous nous intéressons à la manière d'évaluer les performances des techniques de suivi présentées précédemment, et comment obtenir un suivi d'objet robuste et de qualité. Ainsi les résultats de chaque technique de suivi sur chaque séquence de test sont évalués en termes de performance de suivi. Puis les meilleurs résultats obtenus avec chaque technique sur chacune des séquences sont analysés et comparés pour déterminer le(s) type(s) de séquences sur lesquelles chaque technique de suivi peut être utilisée.

Chapitre 7 : **Conclusion et perspectives**

Dans la dernière partie de cette thèse, la conclusion générale présente une synthèse de cette étude et les perspectives liées à ces travaux.

Chapitre 2 : Suivi d'Objet Basé sur la Méthode des Courbes de Niveau

2.1 - Introduction

Le problème du suivi d'objet peut être vu comme un processus composé de deux phases : la phase d'initialisation ou de segmentation dans laquelle nous définissons dans l'image k l'objet à suivre, et la phase de suivi pendant laquelle nous recherchons l'objet dans les images successives. Ce chapitre explique comment la méthode des courbes de niveau (LSM) peut être utilisée comme approche de segmentation et de suivi.

Pour la segmentation, nous présentons un algorithme permettant de segmenter un objet particulier dans une image, après la désignation de l'un de ses points par un opérateur. L'algorithme mis en œuvre dans le cadre d'une approche de type Fast Marching utilise de manière simultanée l'information statistique de région et l'information de gradient dans l'image afin d'améliorer la robustesse de segmentation.

Concernant le suivi de cible, deux des principaux problèmes sont le coût de calcul pour un fonctionnement en temps réel et la robustesse de l'algorithme pour le suivi des objets déformables. Dans ce chapitre, nous présentons deux techniques pour résoudre ces deux problèmes. La première est une méthode rapide pour diminuer le coût de calcul de l'algorithme standard, méthode qui est basée sur l'utilisation du signe de la fonction de vitesse au lieu d'employer sa valeur, et l'utilisation d'une zone spécifique autour de la courbe de niveau zéro. La deuxième technique concerne le calcul de la force statistique en chaque point ; nous considérons ici l'effet moyen des points voisins au lieu de l'effet du seul point traité.

Ce chapitre est organisé comme suit : la section 2.2 est une introduction à la méthode des courbes de niveau. Nous expliquons ensuite en section 2.3 notre approche de segmentation intégrée. La section 2.4 présente nos approches de suivi basées sur la méthode des courbes de niveau : le SFM et le NSFM. Les résultats expérimentaux sont présentés en section 2.5, suivis d'une conclusion en dernière section.

2.2 - La Méthode des Courbes de Niveau

Le problème qui nous concerne ici peut être décrit comme suit : supposons que nous observons une image bruitée I(x,y) dans laquelle un objet particulier nous intéresse. Le domaine de l'image est noté Ω et l'objet est délimité par une courbe de contour γ_0.

Chan and Vese [16] ont pris comme point de départ la fonctionnelle de Mumford-Shah pour décomposer l'image en deux régions homogènes et ont proposé une énergie adaptée à leur problème :

$$E(\gamma, \bar{R}_{inside}, \bar{R}_{outside}) = \lambda_1 \int_{inside(\gamma)} \left| I - \bar{R}_{inside} \right|^2 + \lambda_2 \int_{outside(\gamma)} \left| I - \bar{R}_{outside} \right|^2 + \mu.(length(\gamma))$$

(2.1)

où $\bar{R}_{inside}$ et $\bar{R}_{outside}$ sont respectivement les valeurs d'intensité moyennes de I(x,y) à l'intérieur et à l'extérieur de γ, $\lambda_i > 0$ et $\mu \geq 0$ sont des paramètres. Les deux premiers termes permettent de segmenter l'image en deux régions avec des discontinuités possibles le long du contour alors que le troisième terme représente une contrainte de longueur de courbe avec un contrôle de lissage. L'énergie est minimisée si $\gamma = \gamma_0$. Pour résoudre ce problème de minimisation, cette fonctionnelle peut être décrite dans un formalisme de courbes de niveau.

Dans la méthode LSM standard présentée par Osher et Sethian [25] dans le contexte de la mécanique des fluides, nous déformons une image donnée avec une équation différentielle partielle (EDP) et obtenons un résultat qui est la solution de cette EDP. Au lieu de considérer la courbe fermée γ_0 représentant une telle interface, les auteurs ont proposé de la construire dans une surface en forme de cône (

Figure 2.1).

Cette surface est appelée la fonction des courbes de niveau et γ_0 est donnée dans la plan xy par la courbe de niveau zéro d'une fonction $\phi(x,y)$ telle que :

$$\gamma_0 = \{(x,y) \mid \phi(x,y) = 0\} \tag{2.2}$$

$\phi(x, y)$ est supposé prendre des valeurs positives à l'intérieur de la région délimitée par la courbe γ_0 et négatives à l'extérieur. Ainsi il devient plus facile de traiter numériquement cette fonction et ainsi de manière implicite la courbe, plutôt que de manipuler la courbe qui peut se diviser, fusionner et changer de topologie si elle évolue au fil du temps.

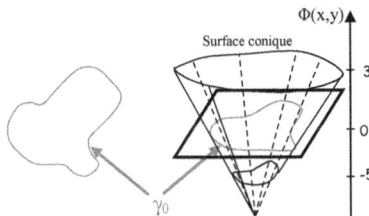

Figure 2.1 : L'approche des courbes de niveau.

Nous supposons que la courbe de niveau zéro se déplace dans la direction normale de γ_0 avec une vitesse de propagation F ; ce déplacement peut donc être représenté grâce à une EDP par la méthode des courbes de niveau à valeur initiale qui ressemble à une équation d'Hamilton-Jacobi :

$$\Phi(x,y,t) + F \mid \nabla \Phi \mid = 0 \qquad (2.3)$$

où F est la fonction de vitesse dans la direction normale à l'interface de propagation (Figure 2.2). L'idée centrale est de suivre l'évolution de cette fonction $\Phi(\gamma,t)$ dont le niveau zéro γ_0 correspond toujours à la position de l'interface de propagation γ.

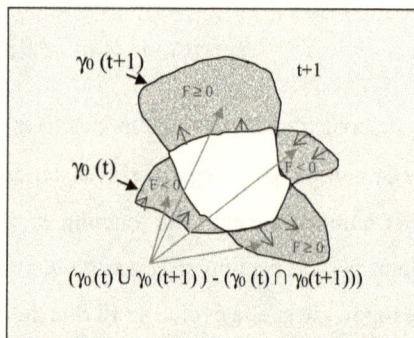

Figure 2.2 : La vitesse de propagation F indique le mouvement local de l'interface.

2.3 - Phase de Segmentation

La segmentation est un des secteurs clef de la recherche dans lequel l'objectif principal est de décomposer automatiquement une image en différentes sous-régions satisfaisant chacune un ou plusieurs critères d'homogénéité, tels que le niveau de gris, la couleur, la texture ou encore le mouvement. La segmentation consiste donc à déterminer un ensemble de sous-régions dans une image donnée qui ne se recouvrent pas, le but final étant la description de l'information contenue dans cette image.

Dans notre cas, l'objectif est de segmenter l'objet à suivre pour le discerner du reste de l'image. Si nous traduisons cela sous forme mathématique, étant donné une image I : $\Omega \subset \mathbb{R}^2$, nous voulons trouver les ensembles fermés Ω_i tels que :

$$\Omega = \bigcup_{i=1}^{N_S} \Omega_i, \quad \text{et} \quad \bigcap_{i=1}^{N_S} \Omega_i = 0 \quad (2.4)$$

2.3.1 - La Méthode « Fast Marching » (FMM)

Le problème auquel nous nous intéressons peut être décrit ainsi : supposons que nous observons une image I(x,y) dans laquelle un objet particulier nous intéresse. A partir de la sélection d'un seul point de cet objet, nous voulons le segmenter du reste de l'image. Nous décrivons ici l'algorithme que nous appliquons sur des images niveaux de gris dans lesquelles les objets sont homogènes ou peu texturés. L'extension à des images couleur est directe.

En se basant sur l'algorithme de FMM présenté dans [19], [56], nous considérons Γ comme une courbe du plan se propageant dans une direction normale au contour de l'objet avec une vitesse de propagation F telles que $\Gamma(t)$ donne la position du front au temps t. Si on considère le point (x,y), l'algorithme de FMM permet de résoudre l'équation suivante pour chacun de ses pixels voisins :

$$|\nabla\Phi(x,y)|\, F(x,y) = 1 \quad \text{avec} \quad \Phi(x,y) = 0 \text{ sur } \Gamma \quad \text{et} \quad F(x,y) \geq 0$$

$$(2.5)$$

où $\Phi(x,y)$ représente la fonction de distance en ce point. L'algorithme débute par la construction de trois ensembles de points : Connu, Proche et Loin. L'ensemble Connu contient les points que nous considérons comme appartenant à l'objet que nous devons segmenter, l'ensemble Proche correspond aux points de contour de notre objet et l'ensemble Loin regroupe les points à l'extérieur.

A l'initialisation, nous choisissons manuellement un point à l'intérieur de notre objet d'intérêt et l'affectons à l'ensemble Connu. Ses 4 plus proches voisins sont alors placés dans l'ensemble Proche et tous les autres points dans l'ensemble Loin, comme indiqué dans la Figure 2.3.

Pour chacun des points de l'ensemble Proche, nous calculons la fonction de distance $\Phi(x,y)$ et choisissons celle qui présente la plus petite valeur. Si celle-ci est inférieure à un seuil, ce point est affecté à l'ensemble Connu et nous mettons à jour les ensembles Proche et Loin. L'algorithme continue ainsi jusqu'à ce qu'il ne soit plus possible d'intégrer de nouveaux points dans notre objet : celui-ci est alors segmenté.

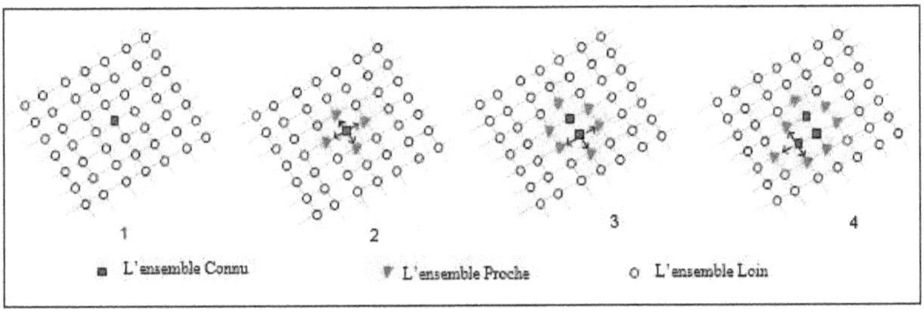

Figure 2.3 : Procédé de mise à jour du FMM.

2.3.2 - L'Approche Intégrée

Comme mentionné précédemment, le FMM peut être utilisé dans le cas de contours qui évoluent de manière monotone et que nous trouvons dans les problèmes de segmentation. Nous décrivons ici comment intégrer les informations de région et de gradient dans une approche de type FMM que nous appelons l'Approche Intégrée.

Examinons tout d'abord comment prendre en considération l'information de contour. Notre approche débute par le filtrage de l'image afin de réduire le bruit et préparer l'image pour les traitements qui suivent. Puis un rehaussement d'histogramme est réalisé sur l'image filtrée. L'information de gradient $G(i,j)$ est calculée de la manière qui suit [13], [57] :

$$G(i,j) = \sqrt{\left(\frac{\Delta I(i,j)}{\Delta x}\right)^2 + \left(\frac{\Delta I(i,j)}{\Delta y}\right)^2} \qquad (2.6)$$

où

$$\left(\frac{\Delta I(i,j)}{\Delta x}\right) = I_{(i+1,j-1)} + 2I_{(i+1,j)} + I_{(i+1,j+1)} - I_{(i-1,j-1)} + 2I_{(i-1,j)} + I_{(i-1,j+1)}$$

$$\left(\frac{\Delta I(i,j)}{\Delta y}\right) = I_{(i-1,j+1)} + 2I_{(i,j+1)} + I_{(i+1,j+1)} - I_{(i-1,j-1)} + 2I_{(i,j-1)} + I_{(i+1,j-1)}$$

Un nouveau rehaussement d'histogramme est alors effectué sur l'information de gradient G(i,j) en étirant les valeurs entre [0-255], et la vitesse de propagation du gradient est calculée [58], [59] :

$$Sg(i,j) = \frac{1}{1+\left[G(i,j)\right]^{\frac{1}{m}}}$$
(2.7)

Le paramètre m peut être considéré comme un facteur contrôlant la sensibilité de la propagation du contour. Cette vitesse de propagation du gradient présente des valeurs qui sont assez proches de zéro dans les régions où les gradients dans l'image sont élevés, c'est-à-dire près des contours, et des valeurs plus proches de l'unité dans des régions où l'intensité est relativement constante.

Etudions maintenant comment intégrer l'information de région dans le FMM. À partir de l'image I, nous choisissons manuellement trois points à l'intérieur de notre objet à segmenter et les affectons à l'ensemble Connu. Leurs 4 plus proches voisins sont alors placés dans l'ensemble Proche et tous les autres points dans l'ensemble Loin.

Nommons R_A la région constituée des N^P pixels de l'ensemble Connu ; nous définissons la moyenne $\bar{R}_A$ et la variance S_A^2 comme le niveau gris moyen et la variance des points dans l'ensemble Connu. Dans l'hypothèse où tous les pixels de l'ensemble Proche sont indépendants et normalement distribués, nous pouvons calculer le paramètre statistique Sp(i,j) pour chaque point dans l'ensemble Proche comme suit [59] :

$$Sp(i,j) = \sqrt{\frac{\left(N^P-1\right)N^P}{\left(N^P+1\right)}\left(I(i,j)-\bar{R}_A\right)^2/S_A^2}$$
(2.8)

Ce paramètre représente la contribution de l'information de région dans notre approche de segmentation. À partir des équations (2.7) et (2.8), le paramètre intégré $D_{(i,j)}$ pour chaque point de l'ensemble Proche est déterminé :

$$D_{(i,j)} = S_{p(i,j)} / S_{g(i,j)} \qquad (2.9)$$

Cette équation intègre les informations de région et de gradient. De cette équation, parmi tous les points de l'ensemble Proche, le point qui sera déplacé dans l'ensemble Connu est celui qui a le paramètre statistique minimal et la vitesse de propagation du gradient maximale. En d'autres mots, le point présentant le $D(i,j)$ minimal représente le point le plus proche de ceux appartenant à l'ensemble Connu, en termes d'informations statistiques de région et de gradient. Ainsi ce point passe de l'ensemble Proche à l'ensemble Connu et les trois ensembles sont mis à jour. L'algorithme continue de la même manière, de sorte qu'à chaque itération, un nouveau point est rajouté à l'ensemble Connu qui représentera l'objet final segmenté.

L'algorithme s'arrête quand une des deux conditions suivantes est rencontrée. La première est atteinte quand la variance des points dans l'ensemble Connu est quatre fois plus grande que la variance des premiers points qui ont été sélectionnés manuellement. La seconde est vérifiée quand la moyenne des points dans l'ensemble Connu est augmentée ou diminuée de plus de 15% par rapport à celle des premiers points. Ces deux valeurs ont été définies après de nombreux tests sur des images niveaux de gris.

Mais bien que ce critère d'arrêt ait produit de bons résultats avec différents types d'images, il convient de noter que les résultats ne correspondent pas toujours aux segmentations désirées, à nos yeux en tout cas. De meilleurs résultats pourraient être obtenus si les premiers points pouvaient être choisis de façon à mieux représenter la variance à l'intérieur de l'objet à segmenter, ce qui n'est pas vraiment applicable dans des conditions réelles d'utilisation.

Puisque le résultat de segmentation est parfois différent de ce que l'on pourrait attendre, nous présentons une technique appelée la Technique de Voisinage qui augmente la robustesse du suivi, comme expliqué en section 2.4.4, et qui permet donc d'une certaine manière de corriger ces défauts.

2.4 - Phase de Suivi

2.4.1 - Le suivi par le LSM

Pour expliquer comment le LSM est utilisé dans l'algorithme de suivi, nous commençons par résumer le cadre probabiliste proposé dans [60], avec comme base l'algorithme de concurrence de régions [61] utilisant le test de rapport de vraisemblance pour calculer la force de mouvement. Le problème du suivi d'objet est formulé comme un problème d'estimation bayésien, sans aucun modèle de mouvement supposé ni champ dense de vecteurs de mouvement calculé. La solution du problème d'estimation bayésienne est fournie par une équation différentielle partielle de courbe de niveau (section 2.2).

Pour la séquence de K images I^k {$1 \le k \le K$}, le problème de suivi est énoncé comme le problème d'estimer l'objet R_1 dans l'image I^{k+1} à partir de l'objet donné R_0 dans l'image I^k, après qu'il ait changé de forme et de position.

Dans [60], le problème de suivi peut être considéré comme un problème d'estimation du "Maximum A Posteriori" (MAP) de R_1 – c.à.d. $\hat{R}_1$ – étant donné R_0, I^k et I^{k+1}, en maximisant la probabilité a posteriori dans le domaine commun Ω :

$$\hat{R}_1 = \arg \max_{R \subset \Omega} \quad P(R_1 = R / I^k, I^{k+1}, R_0) \qquad (2.9)$$

Grâce à la règle de Bayes, nous obtenons :

$$\hat{R}_1 = \arg\max_{R \subset \Omega} \quad P(I^{k+1}/I^k, R_0, R_1 = R)P(R_1 = R/I^k, R_0) \qquad (2.10)$$

où $P(I^{k+1}/I^k, R_0, R_1 = R)$ est la vraisemblance d'observer l'image I^{k+1}, et $P(R_1 = R/I^k, R_0)$ est le terme a priori sur R_1. En considérant les hypothèses d'indépendance conditionnelle et de dépendance partielle, l'équation d'estimation peut être formulée ainsi :

$$\hat{R}_1 = \arg\max_{R \subset \Omega} \left\{ \left(\prod_{s \in R} P_{in,s}(I^{k+1}/I^k, R_0) \right) \left(\prod_{s \in R^c} P_{out,s}(I^{k+1}/I^k, R_0) \right) P(R_1 = R/I^k, R_0) \right\}$$

$$(2.11)$$

où $\quad$ $P\left(I^{k+1}(s)/I^k, R_0, R_1 = R\right) = P_{in,s}(I^{k+1}(s)/I^k, R_0) \quad$ si $\quad s \in R$,

$\qquad\qquad P\left(I^{k+1}(s)/I^k, R_0, R_1 = R\right) = P_{out,s}(I^{k+1}(s)/I^k, R_0) \quad$ si $\quad s \in R^c$,

$\qquad\qquad$ et R^C est le complément de R.

P_{in} et P_{out} sont les probabilités pour qu'un point s dans I^{k+1} soit respectivement à l'intérieur ou à l'extérieur de la région à suivre. Le problème d'estimation peut alors être formulé comme un problème de minimisation d'énergie :

$$E(R/I^k, I^{k+1}, R_0) = -\int_R \log P_{in,s}(I^{k+1}(s)/I^k, R_0)ds - \int_{R^c} \log P_{out,s}(I^{k+1}(s)/I^k, R_0)ds + \lambda_L \int_{\partial R} d\vartheta$$

$$(2.12)$$

λ_L est une constante, ϑ est la différentielle de la longueur de courbe et ∂R est le contour de la région R. La solution de ce problème de minimisation est obtenue à partir de l'équation de descente d'Euler-Lagrange associée à l'équation de minimisation ; elle est donnée par :

$$\frac{\vec{d\gamma}}{dt} = \left[\log P_{in,\gamma}(I^{k+1}(\vec{\gamma})/I^k, R_0) \right] \vec{n} - \left[\log P_{out,\gamma}(I^{k+1}(\vec{\gamma})/I^k, R_0) - \lambda \kappa_\gamma \right] \vec{n} \qquad (2.13)$$

où κ est la fonction de courbure de γ qui représente la surface fermée de l'objet à suivre, et $\bar{n}$ est la normale en ce point s. Cette équation peut être résolue de manière numérique en discrétisant l'intervalle sur lequel γ est définie, c.à.d. en représentant γ en un nombre fini de points. Mais cela entraîne parfois une instabilité dans le domaine des approximations numériques. Une meilleure alternative est de résoudre cette équation de manière implicite en la formulant comme une équation différentielle partielle (EDP) par la méthode des courbes de niveau.

Pour chaque point s, nous calculons cette fonction F qui agit sur R_0 dans I^k et qui reste alors identique durant toute la phase d'itération, comme dans [61] :

$$\vec{F} = -\lambda \kappa_\gamma . \vec{n} + \log\left(\frac{P_{in}}{P_{out}}\right) . \vec{n} \qquad (2.14)$$

Si l'intensité en ce point correspond mieux à la distribution de la région R_1 que celle de la région complémentaire R_1^c, alors ce point se déplacera suivant $\bar{n}$.

Dans l'équation (2.14), la surface fermée γ - l'interface de propagation - est représentée implicitement par la courbe de niveau zéro de la fonction $\Phi(\gamma,t)$, par opposition aux méthodes explicites dans lesquelles nous suivons les éléments de l'interface de propagation par discrétisation (formulation d'Euler-Lagrange). En considérant que la courbure vaut zéro, l'équation de la courbe de niveau équivalente à l'équation de minimisation (2.13) est donnée par [60] :

$$\frac{\partial \vec{\Phi}}{\partial t} = (F_{in} - F_{out}) \left\| \vec{\nabla \Phi} \right\| = F \left\| \vec{\nabla \Phi} \right\| \qquad (2.15)$$

$$F_{in} = \inf_{\xi_1} \left(I^{k+1}(x,y) - I^k(x+z_1, y+z_2) \right)^2 \qquad \xi_1 = \left\{ z_1 : \|z_1\| \leq \delta, z_2 : \|z_2\| \leq \delta, (x+z_1, y+z_2) \in R_0 \right\}$$
$$(2.16)$$

$$F_{out} = \inf_{\xi_2} \left(I^{k+1}(x,y) - I^k(x+z_1, y+z_2) \right)^2 \qquad \xi_2 = \left\{ z_1 : \|z_1\| \leq \delta, z_2 : \|z_2\| \leq \delta, (x+z_1, y+z_2) \in R_0^c \right\}$$
$$(2.17)$$

où Z_1, Z_2 sont des entiers et δ est l'amplitude maximale du déplacement entre deux images successives. Il est à noter ici que la courbure a été considérée comme nulle, ce qui est erroné : l'effet de lissage sur le contour fermé est supprimé et induit peut-être un effet chaotique sur le contour. Mais cet effet est réintroduit grâce à la Technique de Voisinage présentée en section 2.4.4.

A partir de l'équation (2.16), la force F_{in} au point $I^{k+1}(x,y)$ est calculée en déterminant la valeur minimale parmi le point $I^{k+1}(x,y)$ et tous les points $I^k(x+Z_1, y+Z_2)$ $\{z_1 : \|z_1\| < \delta, z_2 : \|z_2\| < \delta, (x+z_1, y+z_2) \in R_0\}$. De la même manière, la force F_{out} − équation (2.17) − est calculée en trouvant la valeur minimale parmi le point $I^{k+1}(x,y)$ et tous les points $I^k(x+Z_1, y+Z_2)$ $\{z_1 : \|z_1\|$ $< \delta, z_2 : \|z_2\| < \delta, (x+z_1, y+z_2) \in R_0^c\}$.

2.4.2 - La Méthode de la Fonction Signée

Comme nous l'avons expliqué précédemment, l'algorithme standard est trop lent pour les applications temps réel. C'est la raison pour laquelle nous considérons l'algorithme rapide SFM décrit dans [30] qui conserve les avantages du LSM et pallie ce problème.

Le SFM est basé sur deux approches : celle de la fonction signée et celle du cadre spécifique. Si nous considérons l'algorithme standard de LSM, un moyen d'obtenir la nouvelle courbe de niveau zéro est d'employer la technique d'itération formulée dans [19] :

$$\Phi^{m+1} = \Phi^m + \Delta t \, [F \, |\nabla\Phi^m \, | \,] \tag{2.18}$$

où Δt est le pas de discrétisation temporel et m le numéro de l'itération. La phase d'itération commence après la phase d'initialisation de l'algorithme qui consiste à trouver la courbe initiale de niveau zéro Φ^0, et à calculer la fonction de vitesse qui déplace l'interface vers sa nouvelle position.

Dans la phase d'initialisation, nous plaçons la valeur de Φ^0 à +1 pour les points situés à l'intérieur de l'interface fermée γ, c.-à-d. la région R_0, et mettons Φ^0 à -1 pour les points situés à l'extérieur de l'interface, c.-à-d. la région complémentaire R_0^c.

À la fin de la phase d'itération $(t \to +\infty)$, la courbe de niveau zéro de la fonction dépendant du temps Φ - et donc la nouvelle interface de propagation γ - est donnée par les points où la valeur de $\Phi \geq 0$ et qui correspondent à la nouvelle position stable de l'interface de propagation γ, c.-à-d. la région R_1.

Comme le coût calculatoire de l'algorithme dépend en grande partie du temps nécessaire à la phase d'itération, le SFM permet de réduire le temps de cette phase. Dans l'algorithme LSM normal, la valeur de la fonction de vitesse F conduit Φ^m vers la nouvelle valeur Φ^{m+1}. Si la valeur de $\Phi^m \geq 0$ pour un point en dehors de la nouvelle interface (F<0), alors à chaque itération, la valeur de F diminue progressivement la valeur de Φ^m pour que $\Phi^{m+1} \to -\infty$ quand $t \to +\infty$. De la même manière, si la valeur de $\Phi^m < 0$ pour un point à l'intérieur de la nouvelle interface (F$\geq$0), alors à chaque itération, la valeur de F augmente progressivement la valeur de Φ^m pour que $\Phi^{m+1} \rightarrow +\infty$ quand $t \rightarrow +\infty$.

L'idée du SFM est d'utiliser le signe de la fonction de vitesse F au lieu de calculer sa valeur, comme présenté dans l'équation (2.18). Pour tous les points, si le signe de F est positif, plutôt que de calculer la valeur de Φ qui croît progressivement vers $+\infty$ à chaque itération, nous lui attribuons directement une valeur +1 et si le signe de F est négatif, au lieu de calculer Φ qui décroît progressivement vers $-\infty$, nous lui attribuons directement la valeur -1 (Figure 2.4). De ce fait, le nombre d'itérations nécessaire pour calculer la fonction de courbe de niveau en employant le SFM est réduit de manière significative par rapport à celui nécessaire pour calculer la même fonction en employant le LSM.

La deuxième approche du SFM, le cadre spécifique, est semblable à la NBM [27], [62] de la Figure 2.5, où nous calculons l'évolution des courbes de niveau uniquement dans une zone spécifique autour de la courbe de niveau zéro, au lieu de calculer l'évolution des courbes de niveau en tous les points.

En fait, l'approche du cadre spécifique est basée sur l'hypothèse que nous connaissons l'étendue maximale du mouvement de l'objet d'une image à la suivante dans la séquence. Cette hypothèse pratique est employée pour réduire le coût calculatoire de la méthode.

Tout d'abord, les points minimum et maximum de l'interface de propagation suivant les directions horizontale et verticale sont déterminés. Le cadre spécifique est simplement calculé en additionnant / soustrayant la valeur δ des points minimum / maximum, comme illustré à la Figure 2.6, où δ est l'étendue de mouvement.

Le choix de δ réalisé de cette manière n'est pas optimal car d'autres techniques plus sophistiquées peuvent être utilisées, mais cela rajoute des calculs et donc du temps, en sachant que le gain apporté par ces techniques est minime.

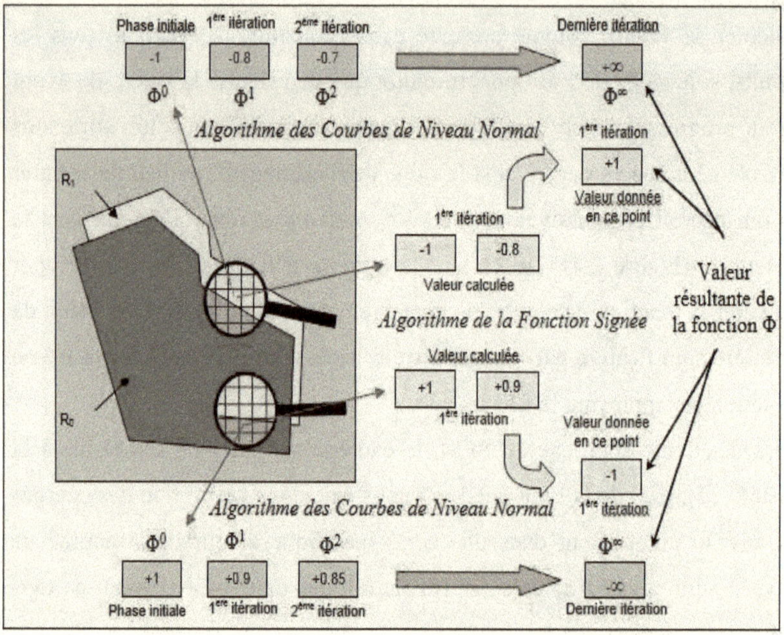

Figure 2.4 : L'algorithme de la Fonction Signée.

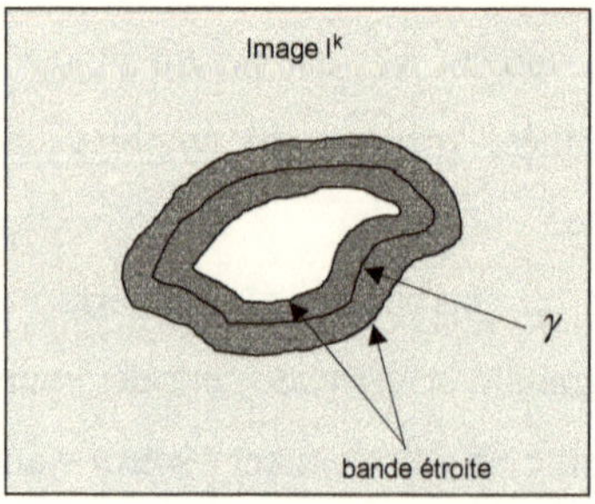

Figure 2.5 : L'approche Narrow-Band.

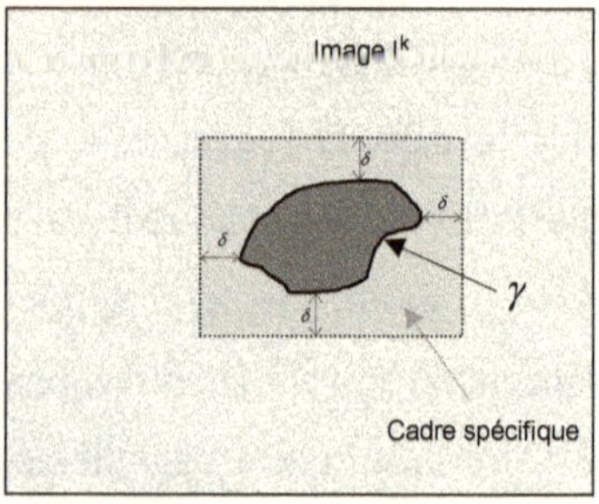

Figure 2.6 : L'approche du cadre spécifique.

L'évaluation des courbes de niveau est alors faite uniquement pour les points à l'intérieur du cadre spécifique qui est habituellement très petit par rapport à l'espace global. Le principal avantage de cette approche est le coût de calcul minimal pour l'évaluation des courbes de niveau dans le cadre spécifique, comparé au coût de calcul et de mise à jour de la zone spécifique lors de l'utilisation du NBM.

2.4.3 - Nouvelle Méthode de la Fonction Signée

Comme mentionné dans la dernière section, le SFM emploie le signe de la fonction de vitesse F pour diminuer le nombre d'itérations requises lors du suivi de cible entre les images successives. Malgré cela, le SFM nécessite habituellement un certain nombre d'itérations pour atteindre le résultat final de suivi. En effet, le nombre d'itérations utilisées dans le SFM dépend principalement du déplacement maximal de l'objet entre deux images successives I^k et I^{k+1}, c'est-à-dire des zones où il y a un changement du signe de la force entre les images I^k et I^{k+1}.

A chaque itération, l'algorithme SFM ne permet de déplacer que les points situés le long du contour de R_0 vers R_1. Ainsi, par exemple, si le déplacement maximal est de 20 pixels, le SFM aura besoin de 20 itérations pour déplacer ces points de l'interface γ se propageant de R_0 à R_1. Nous proposons donc, dans cette section, une approche SFM modifiée qui réduit le nombre des itérations de l'approche SFM à une unique itération en obtenant le même résultat.

Si nous considérons le signe de la fonction de vitesse F montré dans la Figure 2.2, nous notons que ce signe est positif à l'intérieur de la région R_1 − les points dans cette région ont une probabilité plus élevée d'appartenir à R_1 qu'à R_i^c − et négatif ailleurs, c.-à-d. à l'intérieur de la région R_i^c.

Comme dans le SFM, nous proposons d'utiliser cette information dans la nouvelle approche de SFM (NSFM), mais de manière différente. En effet, dans le cas du SFM, après le calcul de la force dans l'étape d'initialisation, la courbe se déplace progressivement de R_0 vers R_1, et à chaque itération, les nouveaux points autour du contour γ où F ≥ 0 sont ajoutés à R_1, et les points où F < 0 sont rejetés, et ce jusqu'à ce que la fonction de courbe de niveau zéro détermine R_1. Au contraire, dans le NSFM, l'algorithme ne déplace pas progressivement l'interface de propagation mais, juste après l'étape d'initialisation, la valeur de la fonction de courbe de niveau Φ est placée, pour chaque point situé dans le cadre spécifique, de la même manière que dans le cas du SFM, c.-à-d. :

$$\Phi = +1 \ \text{si} \ F \geq 0, \ \text{et} \ \Phi = -1 \ \text{si} \ F < 0 \qquad (2.19)$$

En conséquence, ce processus a besoin d'une seule itération pour être accompli, ce qui signifie qu'en utilisant le NSFM, l'algorithme de suivi aboutit aux mêmes résultats qu'avec le LSM et le SFM, permettant ainsi un gain considérable en temps de calcul puisque celui-ci correspond alors uniquement au temps passé dans la phase d'initialisation et donc au temps à calculer la force en chaque pixel dans la fenêtre de recherche.

2.4.4 - La Technique de Voisinage

Pour expliquer l'approche de voisinage, nous considérons l'équation de courbe de niveau (2.15) équivalente à l'équation de minimisation (2.13). La région de recherche définie dans la Figure 2.7 est divisée en deux parties : la première correspond aux points inclus dans R_0 et la seconde aux points appartenant à la région complémentaire R_0^c.

Nous pouvons dire que le résultat de suivi est correct si tous les points sont correctement définis dans R_0 ou dans R_0^c dans le résultat de suivi précédent sur l'image I^k. Si quelques points sont mal classifiés, c.-à-d. si quelques points devant appartenir à R_0 sont définis par erreur comme points dans R_0^c, ou inversement, alors le résultat de l'algorithme de suivi sera altéré.

La technique de voisinage corrige ce problème. Cette technique est basée sur l'hypothèse que le nombre de ces points mal placés - quelques points de R_0 situés dans R_i^c, ou quelques points de R_i^c dans R_0 - est plus petit que le nombre de points correctement classés dans la région de recherche. Ainsi l'idée est de considérer la moyenne de la différence et non pas la différence minimale, ce qui signifie que les valeurs de F_{in} et F_{out} dans les équations (2.16) et (2.17) sont remplacées par les suivantes, en considérant les deux parties de la région de recherche :

$$F_{in} = \frac{1}{NR_0} \sum_{\xi_1} \left(I^{k+1}(x,y) - I^k(x+z_1, y+z_2) \right)^2 \qquad (2.20)$$

$$F_{out} = \frac{1}{NR_0^c} \sum_{\xi_2} \left(I^{k+1}(x,y) - I^k(x+z_1, y+z_2) \right)^2 \qquad (2.21)$$

où ξ_1 et ξ_2 sont définis dans les équations (2.14) et (2.15), NR_0 est le nombre de points considérés en calculant F_{in}, et NR_0^c est le nombre de points considérés en calculant F_{out}. Le résultat de cette technique, comme montré dans la prochaine section, permet de négliger l'effet des points mal classifiés, augmentant ainsi la robustesse de l'algorithme de suivi tout en lissant légèrement les contours.

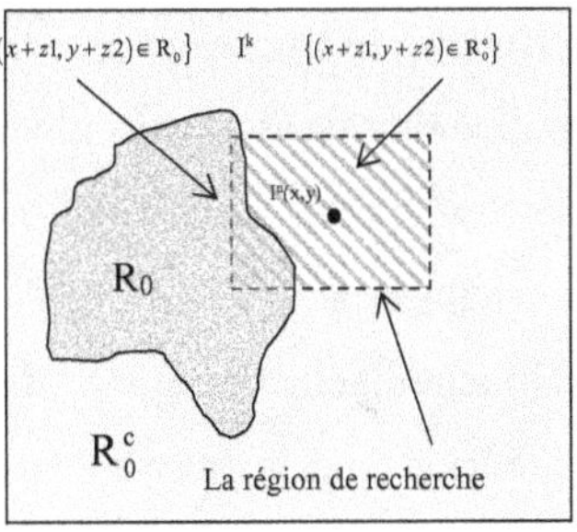

Figure 2.7 : La région de recherche.

2.5 - Résultats Expérimentaux

Dans cette section, nous présentons plusieurs exemples démontrant le mérite et l'efficacité des algorithmes de segmentation et de suivi présentés précédemment. Les algorithmes ont été implantés sur notre PC équipé d'un Pentium IV 2,8 GHz, sous le logiciel Matlab, et testés sur de nombreuses images de synthèse et réelles codées sur 8 bits.

La Figure 2.8 montre des résultats de segmentation en ne considérant que l'information de région, l'information de gradient ou les deux informations. Dans cette image de 240x720 pixels en niveaux de gris, l'objet à segmenter est hétérogène et contient environ 4200 pixels. Trois points de départ ont été choisis au hasard par un opérateur et sont identiques dans les trois exemples présentés. A partir de ces résultats et de façon générale, il est clair que la combinaison de ces informations permet de gérer des images variées et de fournir de meilleurs résultats. Par contre, le choix de trois points peut influencer le résultat de segmentation final puisque deux pixels voisins n'ont pas obligatoirement le même niveau gris, surtout quand l'objet n'est pas homogène.

Les Figure 2.9 à 2.12 montrent les résultats de l'algorithme de segmentation à différentes itérations espacées avec l'interface de propagation, pour diverses sortes d'objet et plusieurs types d'image. Dans les images, le numéro d'itération et le temps de traitement sont indiqués. Les résultats de segmentation de l'algorithme sont visuellement confirmés ; il est clair, à partir de ces figures, que l'algorithme de segmentation présente une certaine capacité de segmentation. Pour tous ces exemples, l'algorithme s'arrête automatiquement à la fin du processus de segmentation, une fois que l'objet a été correctement défini.

Il convient de noter que le temps de segmentation dépend de la taille de l'objet segmenté : il est faible pour de petits objets et croît à mesure que la taille de l'objet augmente. De plus, concernant le temps de traitement indiqué dans chaque exemple, nous constatons que le temps de segmentation est bien supérieur aux 40 ms nécessaires pour des opérations en temps réel.

Bien que les résultats de segmentation soient raisonnables dans la plupart des cas, l'algorithme peut échouer si des régions fortement texturées composent l'objet principal ou l'environnent, comme montré dans la Figure 2.13. Dans ce cas, tracer une ligne à main levée pour définir un grand nombre de points constituant ainsi plusieurs sous-régions pourrait en grande partie résoudre ce problème.

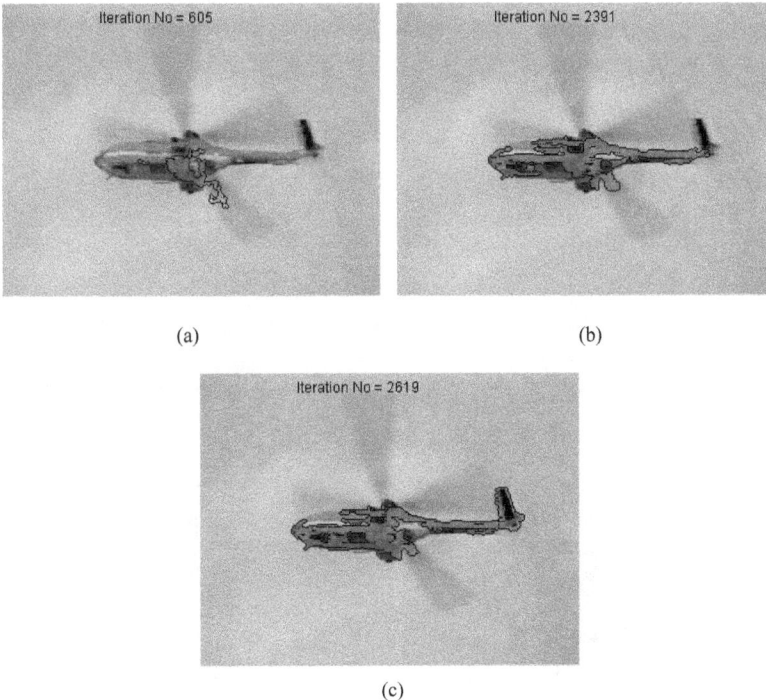

(a)   (b)

(c)

Figure 2.8 : Résultats de segmentation : (a) avec l'information de région, (b) avec l'information de gradient, (c) avec les informations de région et de gradient.

Figure 2.9 : Segmentation de la cabine d'un camion.

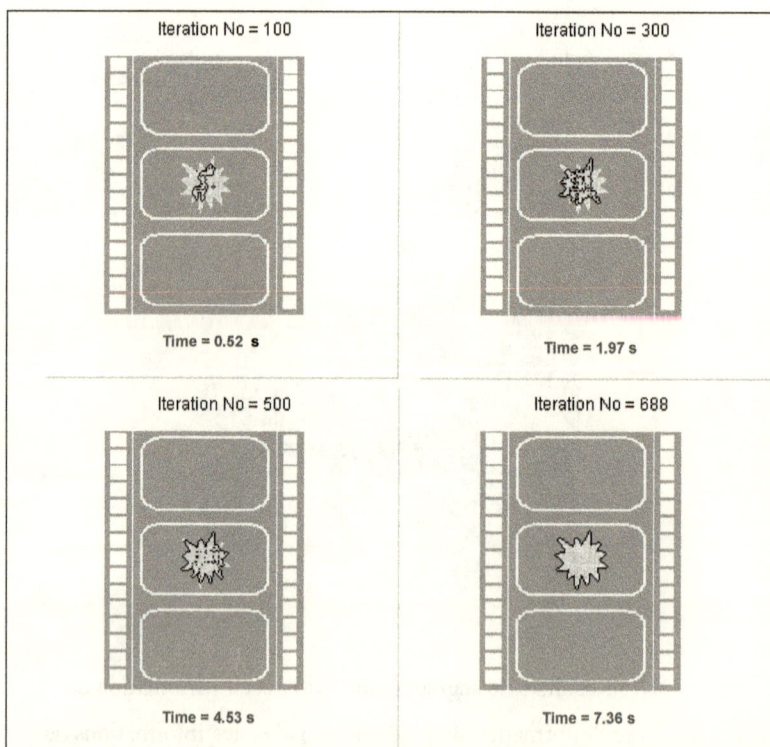

Figure 2.10 : Segmentation d'un objet de synthèse.

Concernant le suivi, notre algorithme NSFM a été comparé aux algorithmes LSM et SFM sur différentes séquences d'images. Afin d'évaluer les performances et l'efficacité des approches proposées, nous employons le rapport de recouvrement standard pour comparer la similitude entre des objets X et Y résultant des différentes approches [63] :

$$R(X,Y) = \frac{2^*A_Z}{A_X + A_Y} \qquad (2.22)$$

où A_X est l'aire de l'objet X, A_Y est l'aire de l'objet Y, et $A_Z = A_X \cap A_Y$. Cette mesure donne un score de 100 si les objets X et Y sont identiques pixel à pixel, et diminue au fur et à mesure que la similitude entre les deux objets devient moins probante.

Dans la Figure 2.14, un objet de synthèse est présent dans la première image I^k. La deuxième image I^{k+1} montre le même objet après qu'il ait changé de position et se soit séparé en deux parties : notre but est de retrouver cet objet dans la deuxième image. Nous commençons, dans un premier temps, par segmenter l'objet dans l'image I^k pour obtenir R_0 en employant notre algorithme de segmentation. Les deux images I^k et I^{k+1} et le résultat de R_0 fourni par l'algorithme de segmentation représentent les entrées des algorithmes de suivi. Les 3 algorithmes ont ainsi été comparés : le LSM classique, le SFM et le NSFM. Les résultats de suivi sont présentés à la Figure 2.14 à des itérations différentes pour lesquelles l'interface de propagation s'est déplacée : les trois algorithmes permettent de suivre correctement l'objet alors qu'il se déplace et change de forme.

Figure 2.11 : Segmentation d'un téléphone portable.

La différence entre les algorithmes - comme indiqué dans cette Figure et le Tableau 2.1- se trouve dans le coût de calcul du suivi de l'objet : l'algorithme standard LSM a besoin de 479 itérations et prend environ 1319 secondes pour suivre l'objet.

Si nous employons le SFM et le NSFM avec $\delta = 20$, l'algorithme SFM requiert 27 itérations et prend environ 8 secondes pour réaliser le suivi. Avec le NSFM, seule une itération exécutée en environ 3 secondes est nécessaire pour suivre le même objet. Il faut préciser que, avant l'étape d'itération, le SFM et le NSFM exigent le calcul de la force statistique en chaque point de la bande spécifique, ce qui est coûteux en calcul et donc en temps.

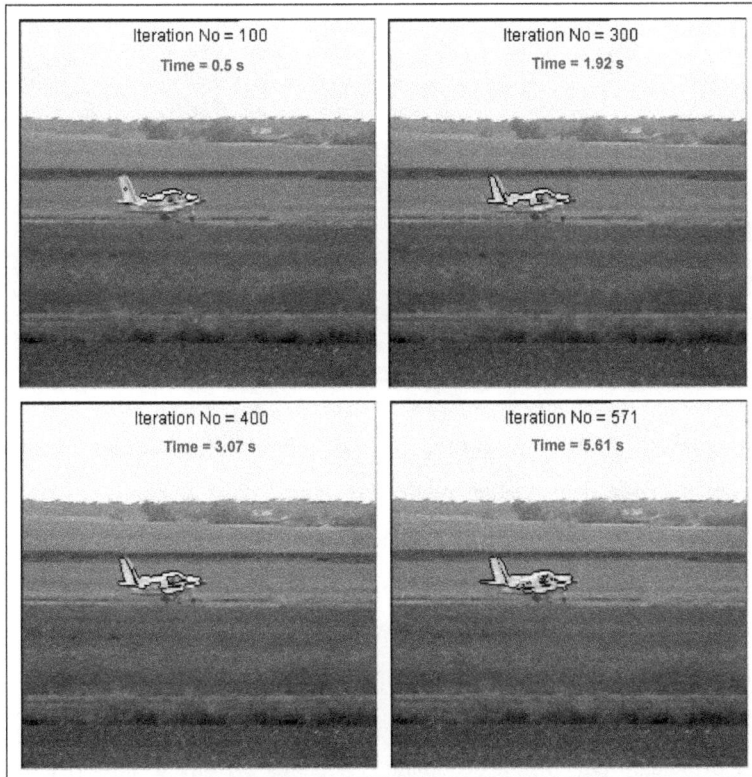

Figure 2.12 : Segmentation d'un aéroplane.

Le rapport de recouvrement entre le résultat de suivi du LSM et celui du SFM ou du NSFM est important, indiquant que nous obtenons les mêmes résultats, comme montré dans le Tableau 2.1. L'erreur de 0.12% entre le LSM et les résultats des deux autres méthodes est due à l'utilisation de la technique de voisinage dans le SFM et le NSFM qui corrige les pixels mal classifiés lors de l'étape de segmentation. Le rapport de recouvrement du SFM et du NSFM est de 100%.

Figure 2.13 : Échec de segmentation pour des régions fortement texturées.

Dans l'exemple suivant, le rapport de recouvrement concernant le suivi d'un avion entre deux images réelles est montré dans la Figure 2.15 et le Tableau 2.2. De ces résultats, nous notons que la différence entre les temps de calcul du SFM et du NSFM n'est pas aussi grande que précédemment. Ceci est dû au fait que l'objet à suivre compte peu de pixels et donc que le nombre d'itérations requises est plus petit que lors du suivi de l'objet dans la Figure 2.14.

La principale conclusion découlant des tables est que le NSFM donne plus ou moins le même résultat que le LSM et le SFM. De plus, le temps de suivi est fortement optimisé comparé à celui nécessaire pour réaliser le suivi du même objet en utilisant le LSM, et relativement plus petit que celui du SFM, selon la taille de l'objet à suivre.

Après quelques expériences, nous avons noté que le suivi de l'objet pouvait échouer avec les trois algorithmes (LSM, SFM et NSFM) si les contours de la région R_0 n'étaient pas déterminés précisément dans l'image I^k. En général, il existe deux situations où il y a un risque d'erreur. La première s'ensuit d'une mauvaise définition de l'objet à suivre pendant la phase de segmentation. En effet, dans le cas d'images réelles, il semble très difficile de déterminer de manière précise les contours de la région R_0. La deuxième situation découle de l'erreur apparaissant pendant le suivi de l'objet dans les images successives. Dans ces deux situations, nous considérons l'utilisation de la technique de voisinage décrite à la section 2.4.4 : l'algorithme classique est incapable de fournir un résultat cohérent avec la réalité. Par contre, la technique de voisinage permet de passer outre ces erreurs de détermination de R_0 et d'aboutir à un résultat tout à fait correct de R_1. Par exemple, considérons le suivi présenté à la Figure 2.15 : le résultat de l'algorithme SFM montre que le suivi de l'objet avec la technique de voisinage est bien meilleur.

L'objet dans la deuxième image a été manuellement segmenté pour fournir un résultat de référence (Ground Truth GT) [53] indiquant pour chaque pixel s'il est à l'intérieur ou à l'extérieur de l'objet. Le rapport de recouvrement entre le GT et le résultat de l'algorithme de SFM est de 74%. Par contre, en utilisant la technique de voisinage couplée à cet algorithme, l'objet est correctement déterminé dans l'image I^{k+1}. Le rapport de recouvrement entre le GT et le résultat du SFM avec la technique de voisinage est alors de 89 %. La différence est due à des zones de notre objet qui sont très difficiles à discriminer du fond de l'image.

Pour évaluer notre algorithme NSFM couplé à la technique de voisinage sur des séquences d'images réelles, nous considérons le suivi d'un joueur de football américain présenté à la Figure 2.16. Les images de cette séquence sont des images de niveaux gris codés sur 8 bits et ont une taille de 320x240 pixels. Dans cet exemple, nous employons une séquence de 150 images successives dans laquelle seulement une image sur cinq est traitée, ce qui signifie que l'image n° 7 représente en fait la 35ème image de la séquence. La Figure 2.16 montre les résultats du suivi avec un rectangle englobant les points de l'objet d'intérêt : l'algorithme permet de suivre correctement le joueur de la première à la dernière image.

Dans l'exemple de la Figure 2.17, l'algorithme NSFM est utilisé pour suivre une voiture dans une séquence d'images niveaux de gris de 320x240 pixels. Ici aussi nous employons un rectangle délimitant l'objet à suivre pour montrer que l'algorithme suit parfaitement le véhicule tout au long de la séquence.

Dans la Figure 2.18 sont présentés quelques résultats quant à l'utilisation de l'algorithme NSFM pour suivre un avion dans une séquence de 23 images. L'algorithme permet de suivre l'avion alors qu'il se déplace d'une image à la suivante, bien que quelques parties de cet avion soient parfois exclues du processus de suivi.

La Figure 2.19 présente une séquence particulière (séquence LESI) en montrant les changements de topologie et d'éclairage de la cible. L'objectif est de suivre deux personnes marchant dans un couloir dans lequel l'éclairage varie au fil des lumières et des fenêtres. L'initialisation est réalisée alors que les deux personnes sont fusionnées dans la première image de 640x480 pixels, en formant ainsi l'objet à suivre. Comme les deux personnes marchent, leurs tailles diminuent et leurs formes changent, tout en en séparant. Puis ils fusionnent pour former une unique cible et terminent finalement par se dissocier. Le rapport de recouvrement entre le GT (défini manuellement) et le résultat de suivi est donné dans la Figure 2.20. Le NSFM est bien adapté pour gérer des changements de topologie de cible, mais si un changement d'éclairage se produit, l'algorithme est incapable de suivre la zone éclairée (image n° 200). De la même manière, en cas d'ombre, quelques parties du fond peuvent être considérées comme des parties de la cible (image n° 256).

Un exemple d'échec de suivi est présenté à la Figure 2.21 (images n° 1, 10 et 20). Effectivement, beaucoup de pixels du mur ont des niveaux de gris semblables à ceux de la cible. Ainsi, sans connaissance a priori, l'algorithme est incapable de suivre la cible et ajoute ainsi progressivement de mauvais pixels de fond à l'objet à suivre.

2.6 - Conclusions

Dans ce chapitre, nous avons présenté des approches pour la segmentation et le suivi d'objet. Les approches sont basées sur la méthode des courbes de niveau, adaptée autant à la segmentation qu'au suivi.

La première contribution est une nouvelle approche intégrée de segmentation reposant sur l'approche de FMM (Fast Marching Method). Elle intègre à la fois l'information de gradient et l'information statistique de région pour réaliser la segmentation d'objet. La technique démarre en sélectionnant quelques points appartenant à l'objet d'intérêt, puis une agrégation itérative de pixels est réalisée. À chaque itération, le FMM choisit le meilleur pixel parmi tous les pixels candidats courants et le classe comme appartenant à l'objet à segmenter, ceci d'une manière identique à celle mise en œuvre dans la technique de croissance de région.

La contrainte de similarité pour la sélection du meilleur pixel candidat repose sur les informations de gradient et de statistique de région pour garantir que le pixel élu présente les caractéristiques les plus proches de celles de la région définissant l'objet à délimiter. L'algorithme s'achève automatiquement quand le critère d'arrêt est atteint. Les résultats obtenus confirment la robustesse de notre algorithme.

Concernant le problème du suivi d'objet, alors que l'algorithme standard LSM nécessite de nombreuses itérations pour suivre un objet, le SFM n'utilise qu'un nombre limité d'itérations pour atteindre le même résultat. L'algorithme NSFM peut être considéré comme une extension du SFM : comme le SFM, le NSFM emploie le signe de la fonction de vitesse qui déplace l'interface de propagation au lieu d'utiliser sa valeur. La différence réside dans le nombre d'itérations nécessaires pour déplacer cette interface de propagation.

La dernière contribution est le recours à une technique de voisinage efficace utilisée avec les techniques de suivi afin de pallier le problème des pixels mal classifiés et accroître la robustesse des algorithmes de suivi.

Plusieurs résultats expérimentaux sur des images réelles permettent de valider les approches et démontrent leur efficacité dans les problèmes de segmentation et de suivi, bien que les techniques basées sur l'approche des courbes de niveau ne soient pas appropriées quand quelques niveaux gris de l'objet à segmenter sont trop semblables à ceux du fond, particulièrement pendant l'occultation.

Comme l'approche de segmentation, le NSFM est applicable au suivi d'objet homogène. Dans le contexte de suivi de cible inhomogène, un suivi de sous-cible homogènes multiples est possible, de la même manière qu'un suivi de cibles multiples si plusieurs objets doivent être suivis dans la séquence.

Pour améliorer la performance du suivi de cible, un modèle de mouvement pourrait être utilisé pour prédire le déplacement inter-images de l'objet. Ainsi la taille de la zone de recherche pourrait être réduite, ce qui permettrait de diminuer le temps de calcul de la phase d'initialisation du NSFM, mais cette prédiction a un coût en temps de calcul qu'il faudrait définir.

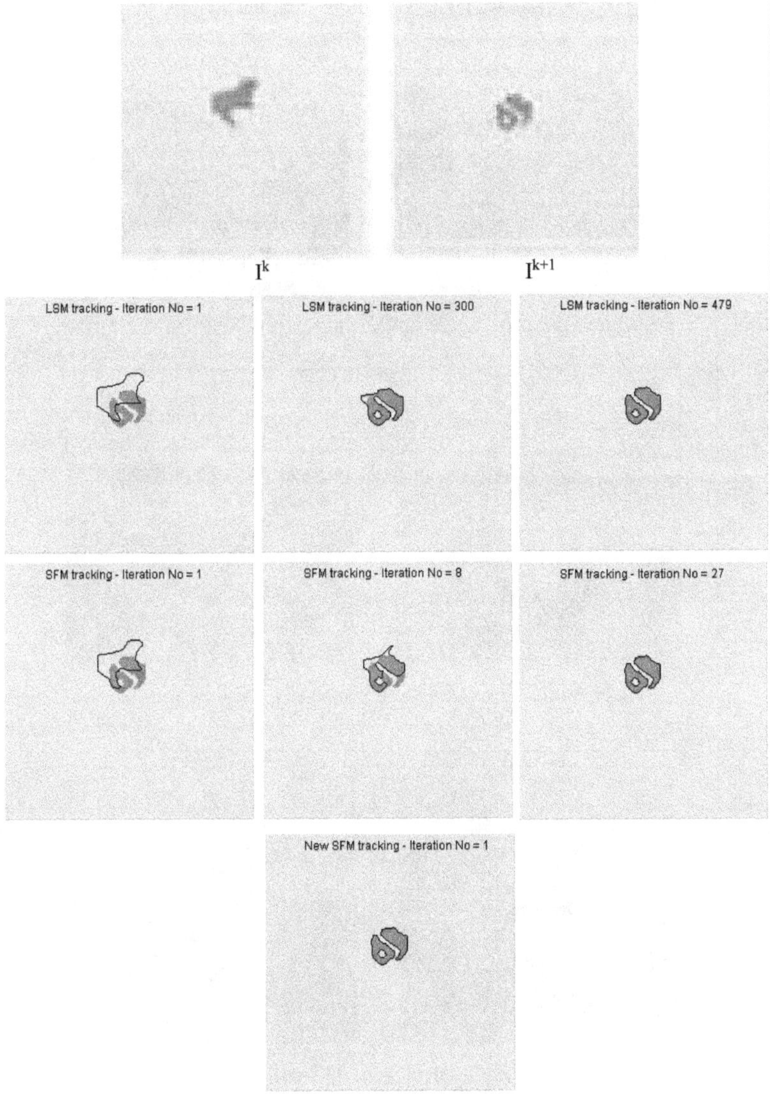

Figure 2.14 : Résultat du suivi d'objet entre deux images successives (1ère ligne) en utilisant trois algorithmes : le LSM (2ème ligne), le SFM (3ème ligne) et le NSFM (4ème ligne). Les résultats de suivi ont présentés à la première et à la dernière itération, ainsi qu'à une itération intermédiaire.

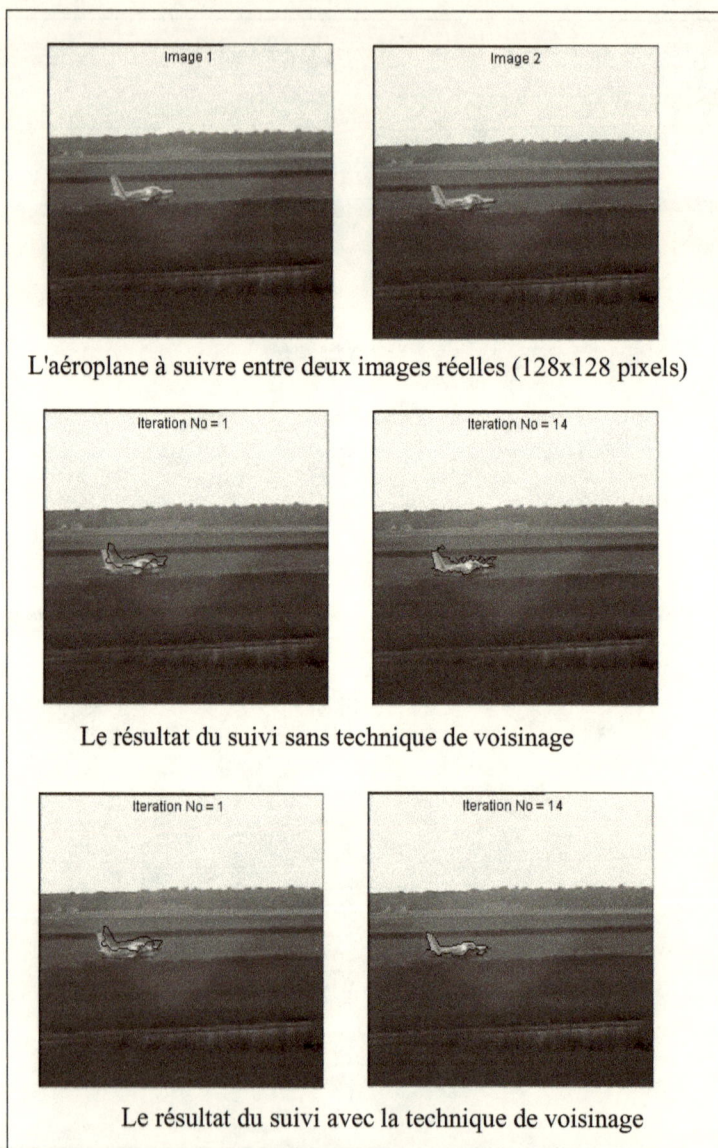

L'aéroplane à suivre entre deux images réelles (128x128 pixels)

Le résultat du suivi sans technique de voisinage

Le résultat du suivi avec la technique de voisinage

Figure 2.15 : Résultat du suivi d'un aéroplane par le SFM
avec et sans la technique moyenne, à la première et dernière
itérations.

Tableau 2.1 : Nombre d'itérations et temps nécessaires pour suivre l'objet de la Figure 2.14.

	LSM	SFM	NSFM
Nombre d'itérations	479	27	1
Temps (sec.)	1319	8	3
Rapport de recouvrement (%)	-	99.88	99.88

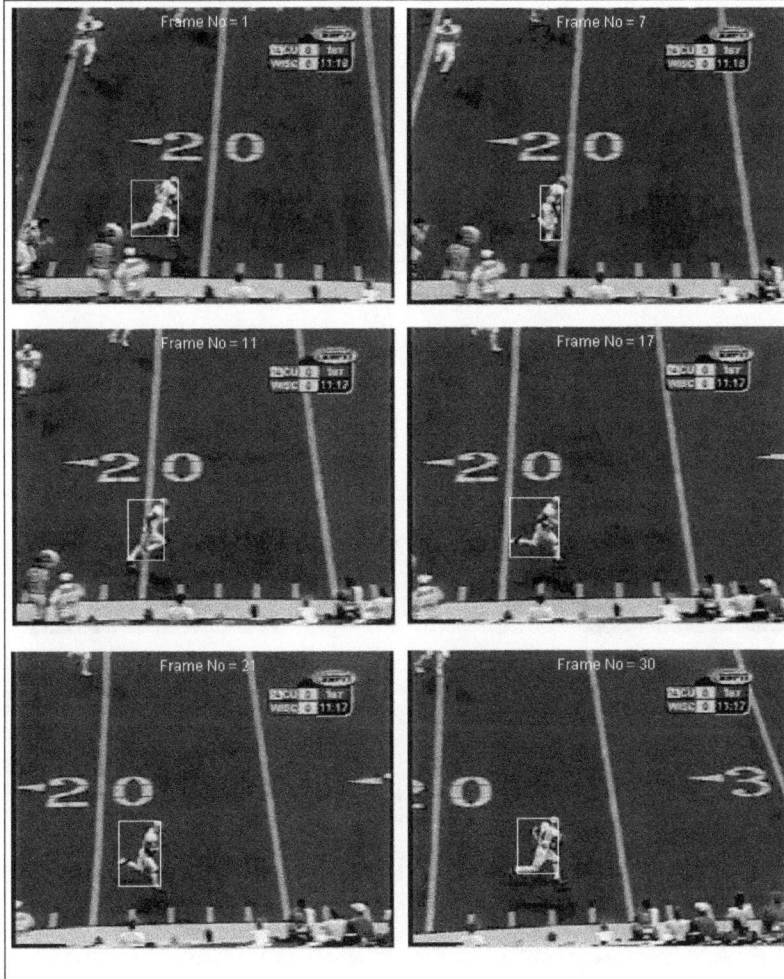

Figure 2.16 : Suivi d'un joueur de football américain avec le NSFM.

Tableau 2.2 : Nombre d'itérations et temps nécessaires pour suivre l'objet
de la Figure 2.15.

	LSM	SFM	NSFM
Nombre d'itérations	288	14	1
Temps (sec.)	650	3.67	3.01
Rapport de recouvrement (%)	-	89.97	89.81

Figure 2.17 : Suivi d'une voiture avec le NSFM.

Figure 2.18 : Suivi d'un aéroplane avec le NSFM

Figure 2.19 : Suivi de deux personnes avec le NSFM.

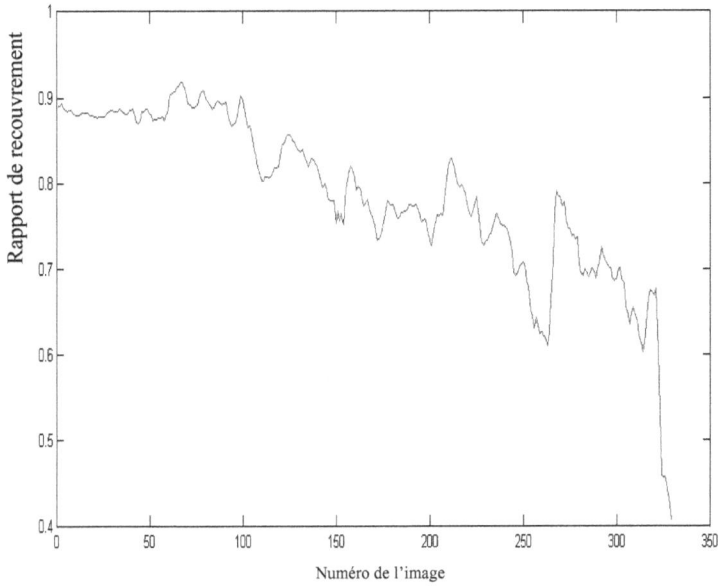

Figure 2.20 : Rapport de recouvrement entre le GT et le résultat de suivi de la Figure 2.19.

Figure 2.21 : Problème de suivi en présence d'un fond avec des niveaux de gris similaires à ceux de la cible.

Chapitre 3 :   Suivi d'Objet avec Gestion d'Occultation par Filtrage Particulaire

3.1 - Introduction

Ce chapitre s'intéresse à la technique de filtrage particulaire. Alors que le filtrage particulaire est habituellement utilisé avec des séquences couleur, nous avons voulu utiliser la représentation en niveaux de gris à cause de la taille réduite de ses données en vue d'un traitement en temps réel.

Nous avons également choisi un contexte sans aucune information a priori pour être proches des conditions réelles de travail. Par conséquent, nous ne pouvons pas utiliser de phase d'apprentissage : nous disposons seulement d'un modèle simple de l'objet à suivre extrait de la première image.

Dans ce chapitre, nous proposons un système de gestion d'occultation basé sur une structure de filtrage particulaire qui améliore significativement la performance du suivi en présence d'occultation partielle. L'occultation est déclarée quand le nombre de valeurs aberrantes dans l'objet d'intérêt comparé au modèle d'apparence excède un seuil : le modèle d'apparence ne doit pas alors être mis à jour. La suite du chapitre est structurée comme suit : dans la section suivante, nous présentons le principe de filtrage particulaire. Notre version de filtrage particulaire est proposée dans la section 3.3. La section 3.4 présente les résultats de notre approche sur plusieurs séquences réelles. Nous terminons le chapitre par une discussion et quelques conclusions dans la section 3.5.

3.1 - Le Filtrage Particulaire

Le Filtrage Particulaire (FP) est une méthode sophistiquée pour l'estimation de l'état d'un modèle ; c'est une technique prometteuse car elle permet de modéliser l'incertitude et peut, avec suffisamment d'échantillons, être utilisée dans certains problèmes de suivi dans lesquels il y a des données manquantes ou des occultations. Il est également connu sous le nom d'approche de Monte Carlo [64], d'algorithme de CONDENSATION [36] ou de filtre bootstrap [65].

Une des principales propriétés du filtrage particulaire est qu'il fournit une solution approximative à un modèle exact, plutôt que la solution optimale à un modèle approximatif, telle qu'avec le filtre de Kalman. Il gère des modèles non linéaires avec un bruit non-gaussien ; en conséquence, il est avéré être une technique robuste de suivi dans les systèmes non linéaires.

L'idée essentielle de cette technique est d'estimer la position d'un objet en évaluant sa présence sur un nombre limité de points. Lorsque ce principe est utilisé pour le suivi d'objet, il repose sur un test de similarité locale entre le modèle et l'image réalisé pour chaque pixel [36], [66].

La sortie de ce type de suivi n'est pas une valeur absolue. Dans notre cas, la réponse est une carte bidimensionnelle indiquant la position la plus probable de l'objet dans l'image, ceci sous la forme d'une image de densité de probabilité qui est approximée par un ensemble de particules pondérées, comme illustré à la Figure 3.1.

Les étapes principales de l'algorithme de CONDENSATION sont données dans l'organigramme de la Figure 3.2. La première étape est l'initialisation dans laquelle la cible est détectée et définie ; des particules dont le nombre est aléatoire sont uniformément distribuées à l'intérieur de l'objet dans le but de le représenter correctement. A chaque particule est associé un vecteur d'état X^n, $n \in \{1 \ldots \ldots Np\}$, où Np est le nombre de particules. Le vecteur d'état initial est donné par :

$$X^n = \begin{pmatrix} x & y & v_x & v_y \end{pmatrix}^T \qquad (3.0)$$

où x et v_x sont respectivement la position et la vitesse dans la direction x, y et v_y dans la direction y. Initialement, leurs vitesses respectives sont nulles. Il est à noter que dans l'étape d'initialisation, une procédure de redistribution identique à celle présente dans la boucle est exécutée.

Cette procédure de redistribution élimine les particules qui ont des petits poids, c'est-à-dire des probabilités faibles d'appartenir à l'objet à suivre, et reproduit les particules qui ont des poids importants, c'est-à-dire de fortes probabilités, dans la cible. Cette procédure consiste en fait en une redistribution des particules qui préserve seulement les particules les plus sûres.

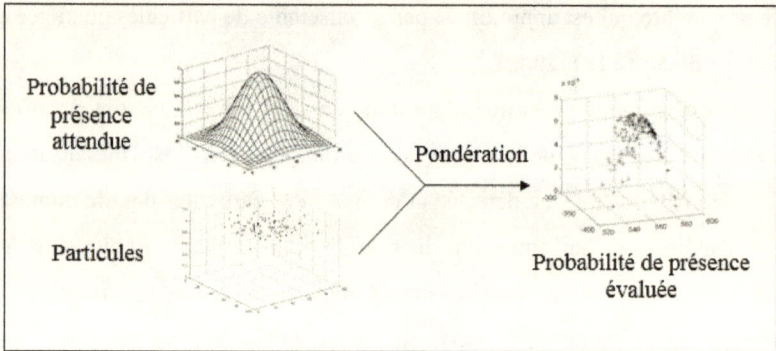

Figure 3.1 : Description du filtrage particulaire.

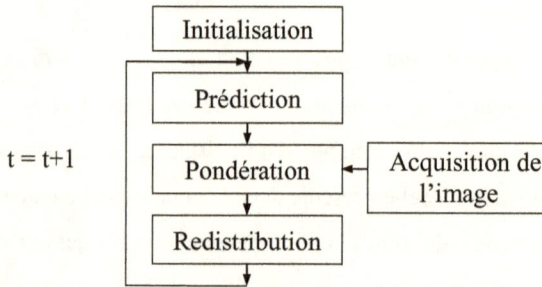

Figure 3.2 : Description de l'algorithme de CONDENSATION.

Dans la phase de prédiction, chaque particule est modifiée par rapport au vecteur d'état de la région d'intérêt dans l'image vidéo. Cette prédiction correspond à une propagation des particules X^n au temps t-1 qui est donnée par [36], [64] :

$$X_t^n = \begin{pmatrix} 1 & 0 & 1 & 0 \\ 0 & 1 & 0 & 1 \\ 0 & 0 & 1 & 0 \\ 0 & 0 & 0 & 1 \end{pmatrix} \cdot X_{t-1}^n + \eta_t^n \qquad (3.0)$$

η_t^n est un vecteur de bruit utilisé pour simuler le bruit dans le vecteur d'état et explorer différentes probabilités de présence de la particule au fil de la séquence.

Autour de chaque particule considérée comme un point de test, le modèle de la cible correspondant à sa distribution de niveaux de gris est comparé avec la distribution locale des niveaux de gris. Cette comparaison est effectuée en utilisant le coefficient de Bhattacharyya défini par [67] :

$$z_t^n = \sum_{l=0}^{L} \sqrt{p^n(l) \times q^n(l)} \qquad (3.0)$$

où z_t^n est un critère de similarité, L est le nombre des valeurs qui peuvent être prises par chaque pixel (256 pour une image de niveaux de gris standard), p^n est l'histogramme du modèle et q^n celui d'une zone locale autour de la $n^{\text{ème}}$ particule. Cette phase est appelée étape de pondération ou de mise à jour.

Pour obtenir de meilleurs résultats, il est possible d'utiliser l'exponentiel de la distance de ce critère :

$$w_t^n = \frac{\exp\left(-\left(1 - z_t^n\right)\right)}{\sum_{n=1}^{N_p} z_t^k} \qquad (3.0)$$

Ce critère est souvent employé avec les images couleurs. Appliqué aux images de niveaux de gris, il exige plus d'information pour être pertinent. Pour satisfaire ce besoin, une dimension spatiale peut être employée, par exemple une fenêtre de pondération bi-dimensionnelle [68].

Beaucoup de facteurs, tels que le nombre de particules, le modèle d'apparence et le modèle de mouvement des particules, affectent le résultat du suivi. Le résultat global du suivi est donné par l'état moyen des particules, c'est-à-dire :

$$\overline{X}_t = \sum_{n=1}^{N_P} X_t^n w_t^n$$

(3.0)

3.3 - La Gestion d'Occultation

La première technique implantée dans ce travail est celle présentée dans [36]. Le résultat du suivi est acceptable avec quelques séquences simples (Figure 3.3). Cependant, l'algorithme échoue dans le suivi de cible dans des séquences complexes dans lesquelles il y a quelques occultations ou changements plus importants d'apparence de l'objet à suivre, comme présenté dans la Figure 3.4. Dans les sous-sections suivantes, nous présentons la modification apportée à la technique standard dans le but d'améliorer l'algorithme de suivi dans de tels cas.

3.3.1 - Le Détecteur d'Occultation

Le problème est la baisse de la valeur du coefficient de similarité et la tendance à s'aplatir que la courbe de distribution des particules pondérées présente au fur et à mesure que le suivi est réalisé sur la séquence. En effet, le modèle est seulement disponible quand il est extrait de la première image et son apparence devient de plus en plus obsolète au fil du temps. Le modèle doit donc être mis à jour uniquement lorsque toute l'information est disponible, ce qui n'est pas le cas lors d'une occultation, par exemple. Par conséquence, cette action doit être conditionnelle. En fait, nous devons détecter cette occultation et être sûrs que le modèle de cible est valide, c'est-à-dire proche de celle définie précédemment.

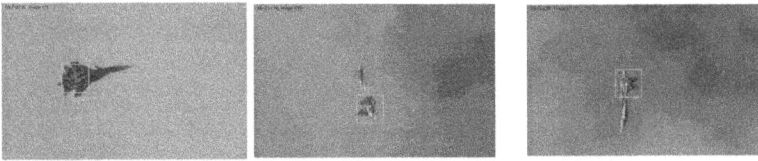

| Image 1 | Image 48 | Image 113 |

Figure 3.3 : Exemple d'un suivi simple (séquence Avion1).

| Image 1 | Image 61 | Image 90 |

Figure 3.4 : Exemple d'un suivi complexe (séquence OC2).

Le principe de notre détecteur d'occultation est obtenu à partir de l'observation du résultat de l'opération de pondération. En cas d'occultation ou de mauvaise détection, la fonction de similarité bidimensionnelle s'aplanit, comme présenté dans les figures 3.5 et 3.6. Ceci signifie que le maximum de similarité est plus difficile à détecter et plus sensible au bruit : il devient plus compliqué de définir où est localisé l'objet.

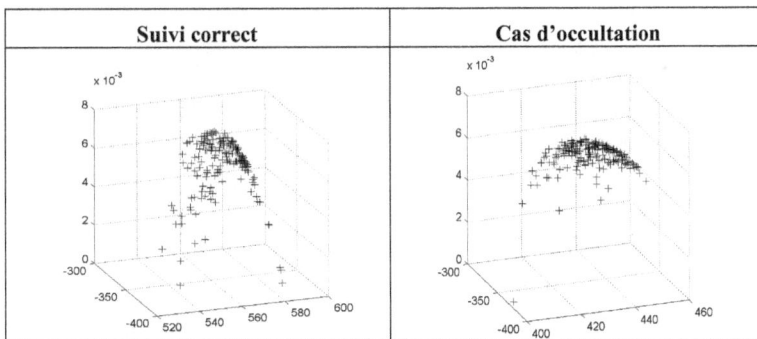

Figure 3.5 : Influence d'une occultation sur la pondération des particules.

Nous proposons donc d'évaluer la forme aplanie du résultat en utilisant un critère de dispersion :

$$D_t = \frac{\sum_{n=1}^{N_p} w_t^n \times \left| X_t^n - \overline{X}_t \right|^2}{Sx^2 + Sy^2} \qquad (3.0)$$

$\overline{X}_t$ est la position moyenne des particules, Sx et Sy sont les dimensions du modèle suivant les axes x et y respectivement. Grâce à la normalisation, ce critère reste bien constant sur beaucoup de séquences vidéo.

Cas de bonne détection	Cas de mauvaise détection

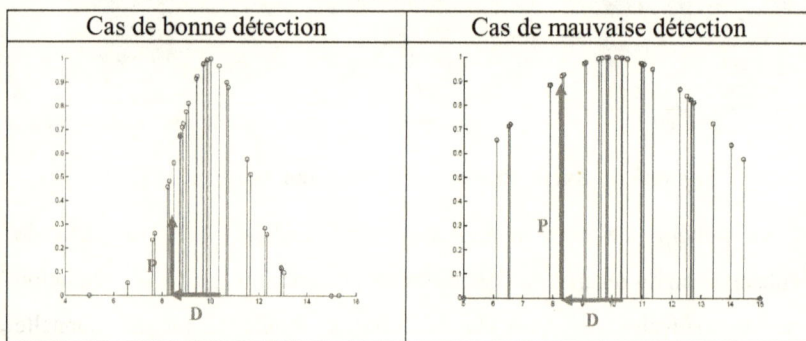

Figure 3.6 : Analyse simple d'une carte de probabilité 1D.

3.3.2 - La Technique de Masquage

Le deuxième problème récurrent découle des déformations de la cible dues au déplacement relatif de la cible et de la caméra, ou simplement des déformations naturelles de cible. Il est donc impossible de conserver les mêmes taille et forme de cible dans toute la séquence et il est nécessaire d'utiliser un modèle déformable afin de gérer ce problème [69].

L'étape de redistribution permet de regrouper les particules autour de la position où la probabilité de présence est la plus forte. Après cette étape, les particules sont plus proches de l'objet et sont, dans la plupart des cas, à l'intérieur. Ainsi, une manière très simple d'évaluer la taille du modèle et sa topologie est d'utiliser la position de ces particules après l'étape de redistribution : une opération morphologique de fermeture est appliquée afin de définir l'objet (Figure 3.7). La redistribution dépend du nombre de particules efficaces définies comme :

$$N_{eff} = 1 / \left[\sum_{n=1}^{N_P} \left(w^n \right)^2 \right]$$

(3.0)

Les particules inefficaces ($\bar{N}_{eff} = N_P - N_{eff}$, ordonnées par poids) sont redistribuées autour de la position centrale de la cible.

Une attention particulière doit être accordée pendant cette étape en examinant la similarité entre les pixels inclus dans le masque et le modèle précédemment défini, le but étant d'éviter qu'une région appartenant au fond ne soit considérée comme une partie de la cible.

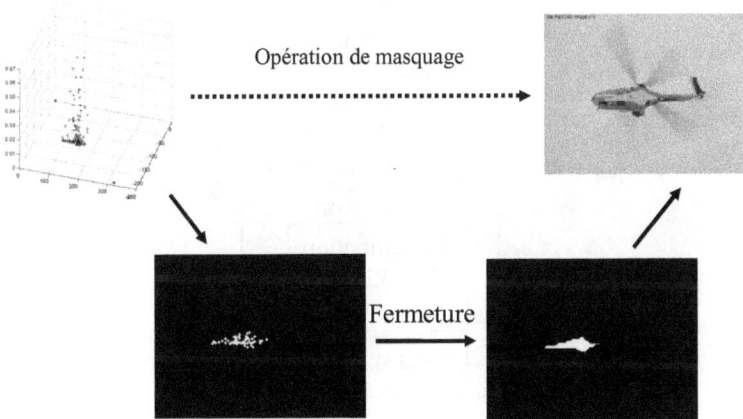

Figure 3.7 : Description de l'opération de masquage.

En raison de l'opération de fermeture dans cette étape de masquage, la topologie de la cible est limitée : la cible ne doit inclure ni des trous ni des parties transparentes avec une distribution de niveaux de gris représentant le fond. Pour préserver des conditions de fonctionnement satisfaisantes, une étape de mise à jour est exécutée seulement si la distribution de niveaux de gris dans le masque est assez proche de celle du modèle de cible. Dans ce cas, la distribution du secteur inclus dans le masque devient la distribution de niveaux de gris du modèle ; dans le cas contraire, la distribution de niveaux de gris du modèle reste inchangée.

3.3.3 - Algorithme Final

L'algorithme final de suivi est donné à la Figure 3.8. Comparé à l'algorithme standard présenté à la Figure 3.2, on peut noter que la détection d'occultation et la technique de masquage ont été ajoutées pour améliorer le processus de suivi, comme montré dans la section suivante.

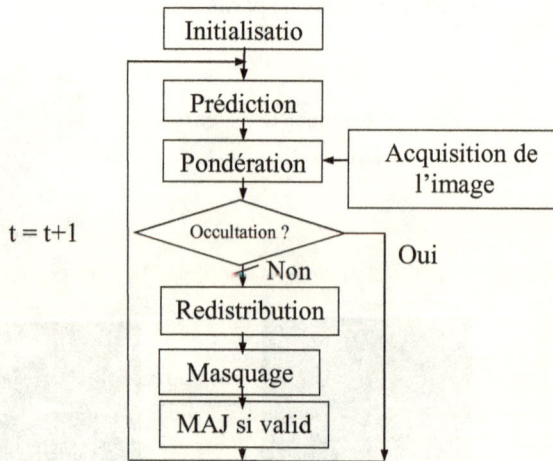

Figure 3.8 : Schéma de l'algorithme modifié.

3.4 - Résultats

L'algorithme a été implanté sur un PC Pentium 2.8 GHz sous Matlab. De multiples essais ont été effectués sur de nombreuses séquences d'images niveaux de gris. Seules cinq séquences représentatives sont présentées ici.

La première séquence est la séquence Avion1 de 128 images (287x177 pixels). La cible est parfois à peine distinguable du fond et ses mouvements sont également peu communs (opération de pilotage spécifique). La deuxième séquence est la séquence OC2 dans laquelle nous sommes intéressés par le suivi d'une femme. Cette séquence contient 97 images de 720x576 pixels. L'apparence de la cible ne change pas beaucoup, mais celle-ci est partiellement occultée durant approximativement 10 images. HC1 est la troisième séquence de 244 images de 320x240 pixels dans laquelle la cible change d'apparence : l'hélicoptère est souvent partiellement caché par ses propres pales. La séquence HC2 présente les mêmes caractéristiques que la séquence précédente, excepté que la cible est principalement composée de deux valeurs très différentes de niveaux de gris. Par ailleurs, son apparence change considérablement au fil de la séquence. Enfin, Avion2 est la dernière séquence de 157 images (260x260 pixels) ; la scène est très bruitée et les mouvements relatifs de la cible dans les images sont très faibles.

3.4.1 - Nombre de Particules versus Temps de Calcul

Un des principaux paramètres de configuration du filtrage particulaire est le nombre de particules influençant le temps de calcul. Ce nombre est également un facteur de précision sur la probabilité de présence de la cible.

Il est important de satisfaire ces deux points : temps de calcul et précision. Quand le nombre de particules augmente, le temps de calcul croît aussi et la vitesse de la cible moyennée sur les dix dernières images diminue en raison d'une meilleure localisation de la cible avec une plus grande précision. Dans la Figure 3.9, nous pouvons voir que la courbe présentant la vitesse de la cible dans la séquence OC2 est différente des autres. En effet, si le nombre de particules est plus grand, il est alors plus facile de gérer une occultation et la détection de la cible ainsi que l'évaluation de sa vitesse seront donc moins perturbées. Le temps de calcul est approximativement linéaire lorsque le nombre de particules augmente puisque le traitement est le même pour chaque particule, suivant la taille du modèle (Figure 3.10).

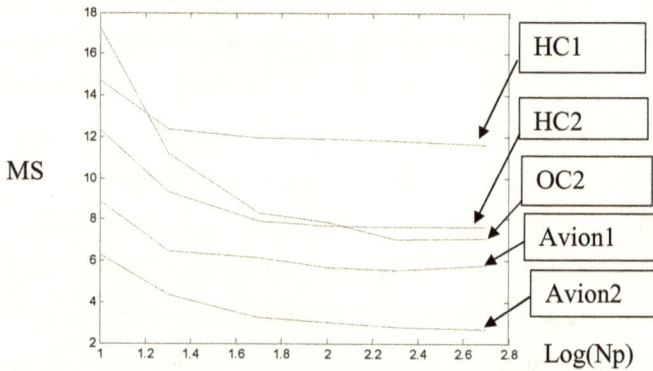

Figure 3.9 : Vitesse moyenne de la cible estimée (en pixels).

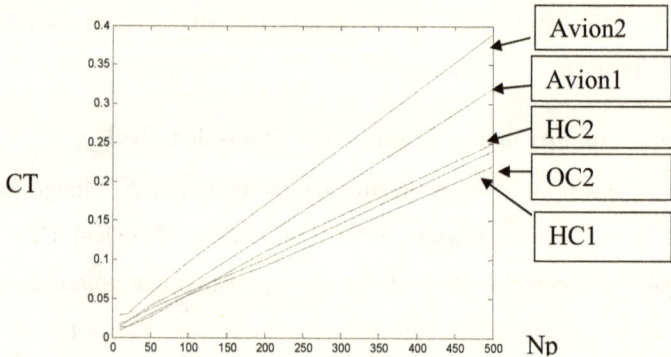

Figure 3.10 : Temps de calcul (en ms par pixel du modèle).

Un manque de particules produit un effet d'oscillation autour de la position réelle de la cible et crée une dispersion de la position estimée. Plus il y a particules, plus le temps de calcul est long et meilleure est la localisation de la cible. Le nombre de particules doit donc être choisi avec attention. Plusieurs essais sur de nombreuses séquences d'images ont démontré que ce nombre peut être défini comme un pourcentage de la taille de la cible sur la première image : une valeur de 10% fournit de bons résultats.

Nous avons choisi d'employer une visualisation très simple : un masque avec des feux tricolores indiquant l'état courant du suivi :

- Le rouge correspond à une détection d'occultation ou à une mauvaise détection : la cible n'est pas trouvée. Les particules ne sont pas redistribuées et le modèle n'est pas mis à jour. La fenêtre de recherche est élargie.

- Le orange signifie que le modèle est légèrement occulté ou que la cible extraite ne correspond pas exactement au modèle. Les particules sont redistribuées, mais le modèle est conservé.

- Le vert indique que la cible est bien localisée et correspond bien au modèle. Les particules sont redistribuées et le modèle est mis à jour.

3.4.2 - Mise à jour du Modèle

La Figure 3.3 montre que, bien que l'avion ne soit pas déformable, le modèle que nous utilisons doit tenir compte des changements d'attitude de la cible aussi bien que des variations de distribution des niveaux de gris. Effectivement, la distribution de niveaux de gris définie sur la première image ne sera plus valide après quelques images ; le modèle de la cible doit être actualisé, comme avec l'algorithme de filtrage particulaire standard présenté à la Figure 3.2. Ainsi, si l'algorithme de filtrage particulaire standard est utilisé avec une séquence complexe comme celle de la Figure 3.4, l'algorithme échoue dans le suivi de l'objet.

3.4.3 - Occultation

Dans le cas de la détection d'occultation, les feux tricolores passent d'orange à rouge. La Figure 3.4 montre un cas de détection d'occultation sans étape de mise à jour. Puisque l'environnement de la cible change, nous employons la moyenne des valeurs précédentes de la fonction de dispersion pour définir un seuil de détection. Les expériences montrent qu'un seuil égal à trois fois la moyenne des dix valeurs précédentes correspond à un seuil correct.

Le rapport du coefficient de dispersion sur sa moyenne est présenté à la Figure 3.12. Le premier front descendant est provoqué par l'opération de moyennage inachevée pendant l'étape d'initialisation. Ainsi, la détection d'occultation totale peut être facilement déterminée avec un simple seuil. Pour éliminer toute détection ambiguë, une fonction "trigger" doit être employée. Il y a donc détection quand la fonction de dispersion passe au-dessus du seuil et elle finit quand la fonction passe en-dessous.

3.4.4 - Validité du Modèle

La mise à jour du modèle doit être appropriée. La Figure 3.13 démontre que le modèle réel change lentement. Ce problème est dû à un modèle de cible non-adaptatif et est dommageable quand l'apparence géométrique de la cible change. Il en découle un modèle de la cible incluant de plus en plus d'information du fond.

| Image 60 | Image 62 |
| Image 64 | |

Figure 3.11 : Exemple de détection d'occultation.

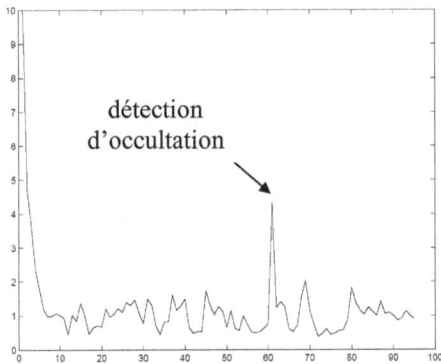

détection
d'occultation

Figure 3.12 : Variation de la fonction de dispersion[1] de la séquence OC2
présentée à la Figure 3.11.

[1] Rapport de la fonction de dispersion sur la moyenne des dix valeurs
précédentes.

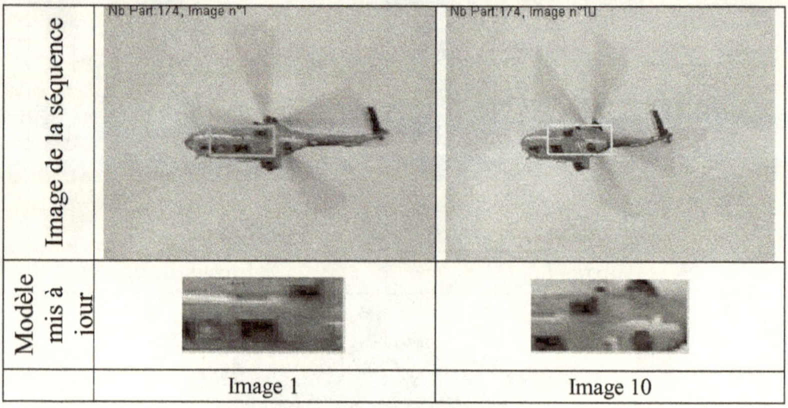

| | Image 1 | Image 10 |

Figure 3.13 : Problème lié à la mise à jour du modèle (séquence HC1).

L'étape de masquage permet à l'algorithme d'adapter la taille et la topologie de la cible au fil de la séquence d'images (les figures 3.14, 3.15 et 3.16). Par conséquent, le modèle de la cible mis à jour contient uniquement une information limitée du fond et la fenêtre de recherche peut être adaptée à la taille de la cible. La taille de la cible estimée est très approximative mais est suffisante pour le contrôle de la caméra.

Il apparaît néanmoins que les résultats de suivi dépendent de la définition de la cible faite dans la première image. De plus, la transition entre les cas orange et vert n'est pas très efficace et doit être révisée en analysant mieux la fonction de pondération des particules. Enfin, le résultat du test de similarité entre le modèle et les pixels inclus dans le masque présente des fluctuations considérables.

3.4.5 - Temps de Calcul

L'algorithme de CONDENSATION de base donné à la Figure 3.2 correspond au cas rouge (occultation détectée) dans la Figure 3.8 auquel l'étape de redistribution a été ajoutée. Cette étape de redistribution ainsi que l'étape de prédiction représentent seulement quelques pourcents du temps de l'algorithme de CONDENSATION : la partie principale de cet algorithme est l'étape de pondération, ce qui implique qu'elle représente la référence de temps (100%).

Cette étape de pondération consomme environ 0.5 ms par particule et par pixel du modèle. Le temps occupé par l'étape de masquage est proportionnel à la taille du modèle et vaut approximativement 0.3 µs par pixel. En utilisant un nombre de particules égal à 10 pourcents de la taille de la cible dans la première image, les temps requis par l'étape de masquage et l'étape de pondération sont quasiment identiques.

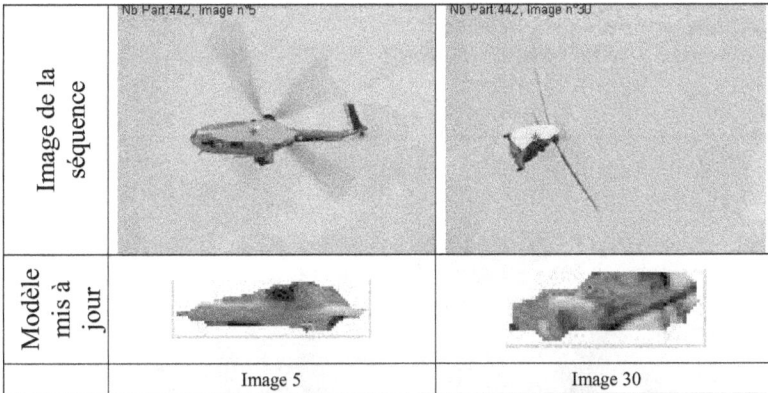

Figure 3.14 : Exemple de suivi avec étape de masquage (séquence HC1).

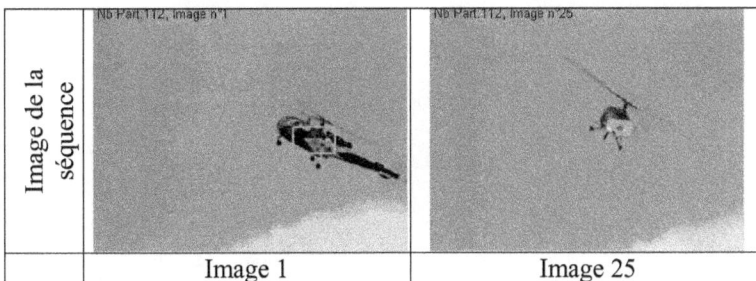

Figure 3.15 : Exemple de suivi avec étape de masquage (séquence HC2).

Comme le temps de calcul nécessaire à la détection d'occultation est inférieur à un dixième de milliseconde, le temps de cette étape est insignifiant par rapport aux autres. Enfin, l'étape de mise à jour par elle-même ne prend pas de temps. En effet, l'algorithme complet correspond simplement au cas vert (aucune occultation) ou au cas orange si aucune mise à jour n'est appliquée. La différence de temps entre ces deux cas est négligeable.

Le

Tableau **3.1** résume quelques statistiques obtenues sur les séquences vidéo et le temps moyen nécessaire pour le suivi de cible avec notre algorithme pour chaque séquence.

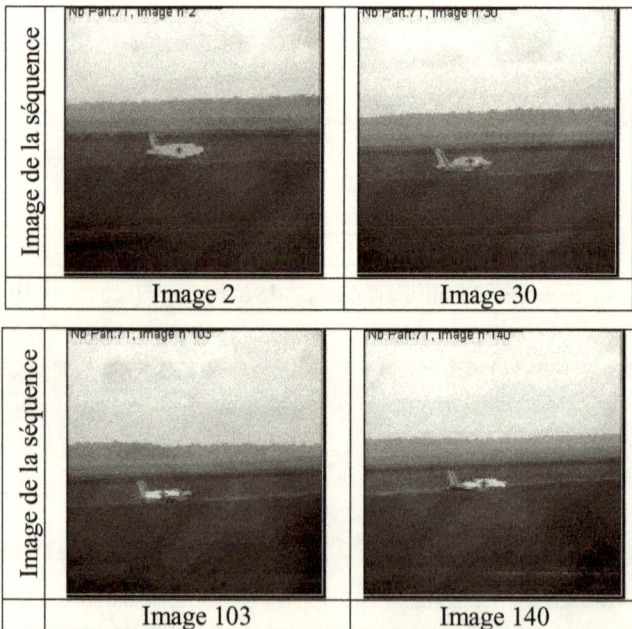

Figure 3.16 : Exemple de suivi avec étape de masquage (séquence Avion2).

Tableau 3.1 : Temps de calcul pour les séquences et pour chacun des 3 cas.

Nom de la séquence	Nombre de particules	Taille de l'image	Taille initiale de la cible	Temps moyen de calcul en millisecondes		
				Cas rouge	Amber case	Green case
Avion1	44	287×177	27×25	38	110	-
Avion2	71	260×260	51×14	31	98	106
HC1	142	320×240	58×31	47	131	150
HC2	176	320×240	49×23	123	220	280
OC2	97	720×576	36×96	350	632	-

3.5 - Conclusions

Nous avons présenté un algorithme amélioré basé sur l'approche de filtrage particulaire et approprié au suivi d'objet dans des séquences vidéo. La nouvelle approche est très robuste puisqu'elle peut surmonter l'occultation de l'objet à suivre, tout comme le bruit de suivi tel que des conditions de variations d'éclairage ou des changements de points d'observation.

Cet algorithme est tout à fait facile à implanter et consomme peu de puissance de calcul (indépendamment de l'étape de masquage). Il pourrait être utilisé dans de nombreuses applications dans lesquelles la cible ne peut pas être totalement extraite : le contrôle d'une caméra site / azimut est un exemple parfait d'utilisation. Il pourrait également être mis en œuvre pour suivre plusieurs objets ; dans ce cas, si les objets sont semblables, la fonction de dispersion doit être modifiée pour éviter tout effet de fusion.

Chapitre 4 : Suivi d'Objet Basé sur l'Approche de CamShift pour des Images Couleur

4.1 - Introduction

L'approche présentée dans ce chapitre est basée sur l'algorithme de CamShift. L'algorithme de CamShift permet de construire une carte de densité de probabilité sur laquelle on exploite les propriétés de l'algorithme de MeanShift afin de retrouver la nouvelle position ainsi que les nouvelles dimensions de la cible.

Dans la littérature, l'algorithme de CamShift est utilisé avec l'histogramme 3D de l'objet à suivre dans la séquence d'images. Gérer ce type d'histogramme est très coûteux en temps de calcul : c'est la raison pour laquelle nous avons décidé de travailler non pas avec l'histogramme 3D de l'objet mais avec son histogramme 2D, ce qui devrait nous permettre effectivement de réduire la complexité algorithmique.

Après cette introduction, la section 4.2 présente brièvement une vue d'ensemble de notre méthode. Dans la section suivante, nous expliquons comment la cible est définie à l'initialisation. Suit ensuite une description du modèle de l'histogramme couleur 2D de la cible. La section 4.5 détaille l'algorithme de CamShift et les résultats obtenus sont présentés à la section 4.6. Une conclusion vient clôturer ce chapitre.

4.2 - *Explication Générale de la Méthode*

Le problème considéré ici est le suivi d'un objet R^k dans une séquence de K images couleur I^k où k = 1,....,K, et I^k est la $k^{ème}$ image de la séquence. Dans l'image k, soit $I^k(x,y,c) \in \{0.., 255\}$ l'intensité au point (x,y) du canal colorimétrique $c \in \{R,G,B\}$. En supposant que nous connaissons l'objet R^k, les images I^k et I^{k+1}, notre objectif est alors de trouver R^{k+1}. Les principales étapes de cet algorithme sont énoncées comme suit :

1. Détermination de la région d'intérêt de la cible R^k dans l'image courante I^k.

2. Sélection automatique de deux canaux colorimétriques.

3. Dans chaque région constituant la cible, calcul et affectation de la couleur moyenne à tous les pixels correspondants.

4. Calcul de l'histogramme bidimensionnel avec les canaux colorimétriques choisis en 2.

5. Rétro-projection de cet histogramme avec l'image I^{k+1} pour obtenir l'image de la densité de probabilité.

6. Application de l'algorithme de MeanShift sur cette image pour déterminer le nouveau centre de la cible dans l'image I^{k+1}.

7. Détermination des régions constituant la cible R^{k+1} en utilisant les mêmes moyennes calculées en 3.

L'architecture de la méthode est décrite par l'organigramme de la Figure 4.1.

4.3 - *Définition de la Cible*

Comme dans la majorité des études concernant les méthodes de suivi en général et la méthode de CamShift en particulier [45], [43], la définition de l'objet à suivre est effectuée manuellement par l'opérateur grâce à un rectangle (ou une ellipse) autour (ou à l'intérieur) de la cible dans l'image I^0.

Généralement un masque convexe permet de diminuer de manière monotonique le profil des densité autour de la cible en assignant des poids forts aux pixels proches du barycentre et des poids faibles aux pixels les plus éloignés [70]. Dans notre méthode, nous préférons effectuer une détection de contours pour aboutir à une meilleure modélisation de la cible. Ceci est réalisé au moyen du filtre de Canny [71] qui est appliqué dans la zone définie. Les frontières externes sont finalement jointes afin d'obtenir un contour fermé unique (Figure 4.2). Il est évident que cette détection du contour de notre objet est simple et ne rivalise pas avec d'autres méthodes qui nécessitent un temps de calcul assez important ; néanmoins, elle permet d'éliminer une grande partie du fond souvent inclus dans le rectangle et de considérer ainsi principalement l'information contenue dans l'objet d'intérêt pour le calcul des modèles de la cible.

4.4 - Modèle de l'histogramme couleur de la cible

L'histogramme est une donnée intéressante pour la récupération d'image car il peut être calculé facilement et il est invariable aux transformations locales d'image, telles que la translation et la rotation autour de l'axe de vue. De plus, l'histogramme change lentement avec le changement d'angle de vue, le changement d'échelle et les occlusions, et il est robuste au bruit [72]. L'approche que nous allons implémenter se base essentiellement sur l'analyse des histogrammes de répartition de l'image ; ces histogrammes peuvent être monodimensionnels, bidimensionnels ou tridimensionnels selon les cas.

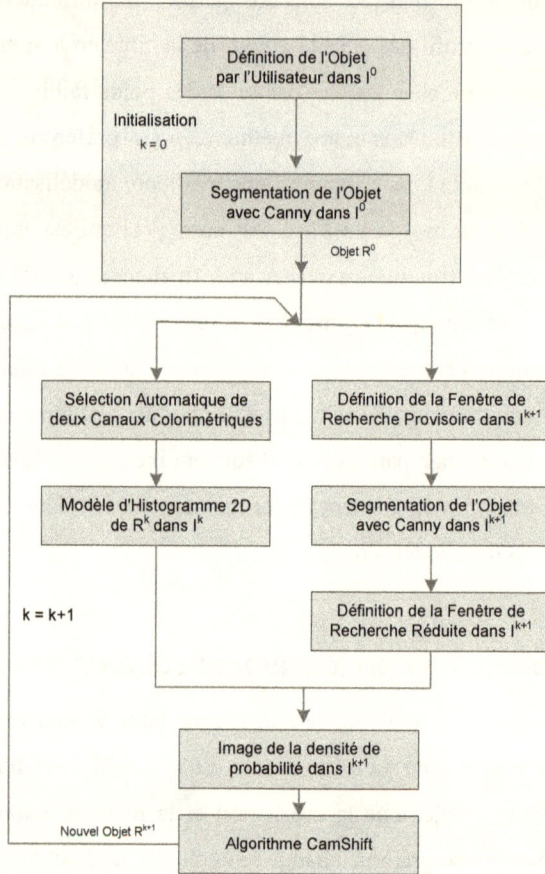

Figure 4.1 : Organigramme de la méthode.

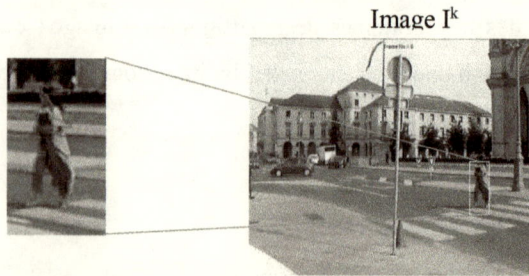

Image I^k

Figure 4.2 : Application de l'algorithme de Canny pour définir la cible.

Après avoir réalisé la segmentation de la cible de l'image I^k, nous procédons au calcul des deux histogrammes bidimensionnels que nous allons utiliser comme signature de l'objet. Nous pourrons ensuite construire la carte de la densité de probabilité ou faire la similitude entre les histogrammes. En effet, il est possible soit de calculer la densité de probabilité à partir de la nouvelle image de la séquence, ce qui nous donnera une probabilité d'apparition de l'objet recherché, soit de calculer les histogrammes pour toutes les images suivantes et de réaliser une similitude entre ces histogrammes, mais cette dernière nécessite un temps de calcul assez important puisqu'il s'agit de calculer à chaque fois un histogramme bidimensionnel.

Ces histogrammes servent à caractériser l'objet recherché par un modèle et à retrouver la zone présentant les mêmes caractéristiques dans les images suivantes. L'histogramme utilisé par Bradski [46] comprend le canal de teinte dans l'espace de couleur HSV. Toutefois, des histogrammes multidimensionnels de n'importe quel espace couleur peuvent être employés. Dans son application, Bradski a donc utilisé la teinte pour dépister uniquement les visages dans les séquences d'images, ce qui ne peut pas s'appliquer dans notre approche qui doit être robuste afin de suivre n'importe quel objet dans une séquence d'images quelconque. Cependant, l'utilisation d'un histogramme tridimensionnel, par exemple utilisé par Allen [45] et Comaniciu [43], nécessite un temps de calcul important et une mémoire conséquente, ce qui ne peut pas correspondre à nos besoins puisque le but essentiel de notre méthode est d'implémenter une méthode hybride fonctionnant en temps réel dans un système embarqué. C'est ainsi donc qu'après avoir constaté que l'histogramme tridimensionnel n'était pas adapté à notre approche, notre choix s'est porté sur l'histogramme bidimensionnel construit à partir de deux informations colorimétriques pour les images couleurs. Dans notre cas, nous avons utilisé l'espace de couleurs RVB tout en sélectionnant uniquement deux informations colorimétriques choisies automatiquement comme suit :

- La composante représentant le mieux l'objet ;
- La composante représentant le moins le fond.

Le premier choix permet de trouver l'information qui représente le mieux l'objet, ce qui nous donnera une bonne caractérisation de l'objet. Le second permet de définir la composante représentant le moins le fond afin de ne pas inclure dans la modélisation des objets de fond pouvant avoir les mêmes caractéristiques que la cible R^k.

Nous supposons que la composante la plus représentative est celle pour laquelle l'histogramme correspondant possède le plus petit nombre de minima locaux. En effet, moins il y a de régions dans la cible, plus celle-ci est représentée par des régions grandes et significatives.

Nous cherchons maintenant le canal le moins représentatif dans l'image sans tenir compte du contenu de la cible. Ce choix nous permet d'ignorer les objets qui peuvent présenter les mêmes propriétés que la cible si nous choisissons le deuxième canal le plus représentatif de la cible R^k. Pour ce faire, nous calculons simplement la moyenne des valeurs de pixel de fond pour chaque canal colorimétrique et nous conservons le canal présentant la moyenne la plus petite.

En utilisant les deux canaux colorimétriques, le modèle d'histogramme couleur de la cible - qui sera utilisé comme une signature de la cible - peut être obtenu par une méthode commune appelée histogramme de proportion. Cet histogramme de proportion constitue la première étape de rétro-projection présentée par Swain et Ballard [72] qui est une opération primitive associant les valeurs de pixel dans l'image avec la valeur de l'histogramme correspondant.

Nous notons H^k l'histogramme de l'objet R^k à suivre dans l'image I^k (Figure 4.4). L'histogramme de proportion R_h décrit le rapport entre le modèle d'histogramme couleur de la cible R^k et l'histogramme H^{Ik} de l'image trouvée dans la fenêtre de recherche. Pour les deux histogrammes H^k et H^{Ik}, l'histogramme de rapport R_h est défini comme :

$$R_h = \min(H^k / H^{Ik}, 1)$$ (4.1)

La fenêtre de recherche est définie autour de la cible et est plus grande que la fenêtre cible, augmentée par une distance δ s'étendant généralement entre 10 et 20 pixels (Figure 4.3).

La rétro-projection de la fenêtre de recherche dans l'image I^{k+1} avec l'histogramme de proportion génère une image de densité de probabilité dans laquelle la valeur de chaque pixel indique la probabilité que le pixel d'entrée appartienne au modèle de la cible.

L'image de probabilité est ensuite filtrée pour éliminer les petites régions insignifiantes dans la fenêtre de recherche (Figure 4.5). A partir de l'image de la densité de probabilité résultante, la nouvelle position et l'orientation de l'objet à suivre sont trouvées par l'algorithme de CamShift comme expliqué dans la section suivante.

Figure 4.3 : Fenêtres de cible et de recherche.

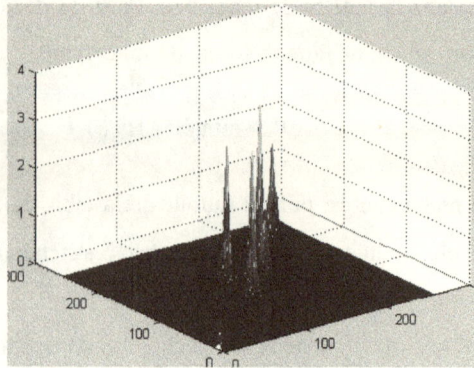

Figure 4.4 : Modèle de l'histogramme2D de la cible dans la Figure 4.3.

Segmentation de
l'objet par Canny

Image de la
densité de probabilité

Figure 4.5 : Image de la densité de probabilité.

4.5 - L'algorithme de MeanShift

Le principe du MeanShift est de partir d'une position initiale de la fenêtre définissant notre objet dans l'image de probabilité. On calcule le centre de gravité de la densité présente dans cette fenêtre et s'il est différent du centre de la fenêtre, alors on déplace notre fenêtre vers ce centre de gravité. On répète ainsi l'opération jusqu'à ce que le centre de gravité de la densité dans la fenêtre soit identique au centre de la fenêtre (Figure 4.6). On peut arrêter la procédure si l'on obtient une variation minimale entre la nouvelle position de la fenêtre et la précédente : on converge vers le centre de l'objet. On peut également spécifier un nombre maximal d'itérations.

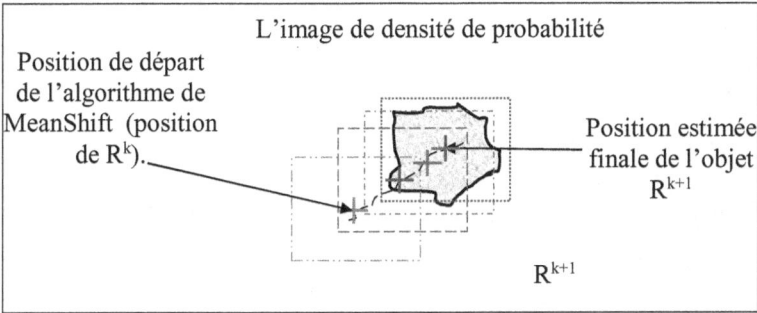

Figure 4.6 : Procédure de MeanShift sur la densité de probabilité.

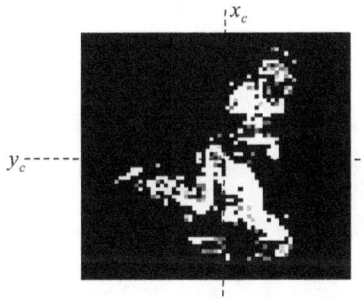

Figure 4.7 : Barycentre de la cible.

Soit Ip(x,y) la valeur de la densité de probabilité pour les pixels (x,y). Le barycentre de la cible dans la fenêtre de recherche est déterminé comme suit :

1- Calculer le moment d'ordre zéro :

$$M_{00} = \sum_x \sum_y I_p(x, y) \qquad (4.2)$$

2- Trouver les premiers moments donne le centre de gravité de l'image de probabilité qui indique la position de la cible :

$$M_{01} = \sum_x \sum_y x I_p(x,y) \qquad M_{10} = \sum_x \sum_y y I_p(x,y) \qquad (4.3)$$

Le barycentre de la fenêtre de recherche est alors donné par (Figure 4.7) :

$$x_c = \frac{M_{10}}{M_{00}} \qquad\qquad y_c = \frac{M_{01}}{M_{00}} \qquad (4.4)$$

L'orientation θ de l'axe principal et la taille de la densité sont déterminées en trouvant un rectangle équivalent qui a les mêmes moments que ceux mesurés à partir de l'image de densité de probabilité [46], [73].

On définit alors les moments d'ordre 2 pour la densité de probabilité ; ils décrivent la taille, l'élongation et l'orientation de l'objet :

$$M_{20} = \sum \sum x^2 I_p(x,y)$$

$$M_{02} = \sum \sum y^2 I_p(x,y)$$

$$M_{11} = \sum \sum xy I_p(x,y) \qquad (4.5)$$

Les deux premières valeurs propres (la longueur et la largeur de la densité de probabilité) sont calculées avec trois variables intermédiaires (a, b, c), comme suit :

$$a = \frac{M_{20}}{M_{00}} - x_c^2 \quad b = 2(\frac{M_{11}}{M_{00}} - x_c y_c) \quad c = \frac{M_{02}}{M_{00}} - y_c^2 \qquad (4.6)$$

L'orientation du rectangle est alors donnée par :

$$\theta = \frac{1}{2}\tan^{-1}\left(\frac{b}{a-c}\right) \qquad (4.7)$$

Les distances L_1 et L_2 du centre de surface de densité (les dimensions du rectangle) sont données par (Figure 4.8) :

$$L_1 = \sqrt{\frac{(a+c)+\sqrt{b^2+(a+c)^2}}{2}} \quad \text{et} \quad L_2 = \sqrt{\frac{(a+c)-\sqrt{b^2+(a+c)^2}}{2}}$$

$$(4.8)$$

Ce nouveau centre et ces nouvelles dimensions sont utilisés pour placer la fenêtre de recherche dans l'image suivante. Ce processus est alors répété pour un suivi de cible continu dans la séquence vidéo.

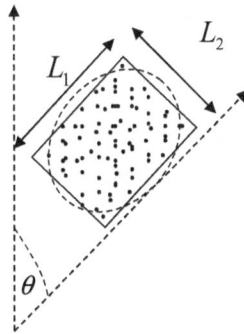

Figure 4.8 : Orientation et élongation dans une densité de probabilité.

4.6 - Résultats

Afin de démontrer l'efficacité de l'algorithme sur les changements d'apparence, changement de couleurs et de luminosité, nous avons appliqué notre méthode sur diverses séquences vidéo.

L'algorithme basé sur l'histogramme bidimensionnel est appliqué sur la séquence d'images du rugbyman et nous donne les résultats de la Figure 4.9. Dans cette séquence, l'objet d'intérêt est le rugbyman de l'image 1 dans laquelle nous avons déterminé manuellement une fenêtre de cible pour suivre le joueur d'une manière automatique dans les images qui suivent. Le joueur change d'aspect, comme cela est perceptible sur les différentes images, subit des occlusions partielles au niveau de l'image 12, mais il n'y a pas une grande variation au niveau de son apparence. Notons aussi que l'objet ne change pas de position et reste quasiment à la même position dans toutes les images présentées du fait que la caméra se déplace. De ces observations, on peut dire que l'algorithme couleur est robuste aux changements de forme, aux occlusions partielles de la cible et aux déplacements de la caméra. Par contre, dans l'image 24, nous pouvons remarquer que lors du passage du rugbyman sur une ligne blanche du terrain qui présente pratiquement les mêmes caractéristiques que lui, celle-ci est assimilée avec l'objet à suivre et donc détectée comme faisant partie de la cible. Cette erreur est rattrapée dans les images qui suivent. L'algorithme permet de suivre le joueur alors qu'il se déplace d'une image à la suivante en approximativement 0.9 seconde sur notre PC.

Le deuxième exemple est une séquence de vol d'hélicoptère (Figure 4.10). Nous remarquons tout d'abord que le suivi est robuste aux changements de couleurs de la cible. Les cartes de densité de probabilité de quelques images sont présentées à la Figure 4.11. En fait, dans les premières images, l'hélicoptère est filmé sur son côté gauche, ce qui fait apparaître ses couleurs blanche et marron. Au cours de la séquence, cette couleur blanche disparaît puisque notre cible prend un virage à 180° dans le ciel (images 15, 19, 21 et 35). Nous notons aussi que la cible subit d'importants changements de forme, ce qui n'influe pas non plus le résultat du suivi. L'algorithme suit l'hélicoptère en environ 1.6 seconde.

L'exemple suivant présente une séquence qui se distingue par la rapidité de déplacement de notre cible qui est une balle de ping-pong (Figure 4.12). Malgré une vitesse de déplacement importante, l'algorithme arrive à suivre la balle en environ 1.5 seconde.

Les images des figures 4.13 et 4.14 illustrent quelques résultats obtenus sur des exemples plus difficiles. A la Figure 4.13, nous suivons une femme dans une séquence vidéo. Malgré quelques modifications d'apparence, l'algorithme suit la femme d'une image à la suivante en environ 1.6 seconde.

De la même manière, l'algorithme réussit le suivi quand la femme marche derrière un panneau de signalisation, bien que le centre de la fenêtre soit momentanément mal localisé parce qu'une partie de la cible est masquée et le centre de masse est alors déplacé. Pour comparaison, les résultats du suivi sont obtenus avec la méthode de base utilisant un histogramme 3D en environ 4 minutes. De plus, ces résultats sont légèrement dégradés parce que le modèle de cible inclut parfois des pixels du fond, selon la forme de la cible.

La Figure 4.14 présente le suivi d'une femme dans une séquence d'images tout en contrôlant des occlusions avec un cycliste, un piéton et deux voitures ; l'algorithme prend environ 1.8 seconde pour suivre correctement la femme. Malgré ces occlusions, notre algorithme arrive à suivre la femme avec succès, même dans les images où l'occlusion est forte. A noter le même phénomène de décalage du centre de masse dans les images présentant des occlusions.

4.7 - Conclusions

Dans ce chapitre, nous avons proposé une nouvelle approche de suivi d'objet dans des séquences d'images couleur, basée à la fois sur l'algorithme de CamShift et sur la modélisation de la cible à suivre. Dans notre approche, le modèle est construit sur deux canaux de couleur : le premier donne la meilleure représentation de la cible et le second la description la moins acceptable du fond.

Nous avons effectué les tests en tenant compte des changements d'apparence des cibles pour mettre en évidence leurs influences sur les résultats. Nous avons appliqué ces méthodes sur différentes séquences d'images dans lesquelles la cible subit de multiples changements tels qu'une modification de couleurs, un changement de forme, une occlusion partielle, un déplacement rapide de la cible ou encore un mouvement de la caméra.

L'utilisation d'un histogramme 2D au lieu d'un histogramme 3D plus généralement utilisé, couplée à une détection de contour de la cible et à une segmentation de la cible afin d'améliorer le modèle de la cible tout en le simplifiant, permet de gagner considérablement en temps de calcul.

La méthode a montré sa généralité avec différentes images, diverses scènes et de multiples changements qui s'opèrent au niveau de la cible. Nous notons par ailleurs que la détection des contours de la cible est une étape très difficile et très sensible. Cette étape est rendue difficile quand la cible (ou le fond autour de la cible) est très texturé.

Le choix d'une cible à taille fixe limite la gestion des modifications d'apparence et des occlusions de la cible, mais il évite aussi de considérer d'autres régions similaires appartenant au fond comme faisant parties de la cible. Ce problème pourrait être résolu en décomposant l'objet à suivre en sous-objets à suivre séparément dans des fenêtres de recherche de taille variable et dépendantes les unes des autres à travers un modèle de groupe [23]. Cela permettrait de contrôler facilement les déformations et occlusions de la cible d'une manière pratique et efficace. Les résultats expérimentaux attrayants au niveau temps de calcul valident notre approche et montrent son efficacité dans le suivi rapide d'objet.

Image 1

Image 12

Image 21

Image 24

Image 25

Image 32

Figure 4.9 : Suivi d'un rugbyman dans une séquence de rugby. Taille de l'image : 240x320. Images 1,12, 14, 21, 24, 25 et 32 de la séquence.

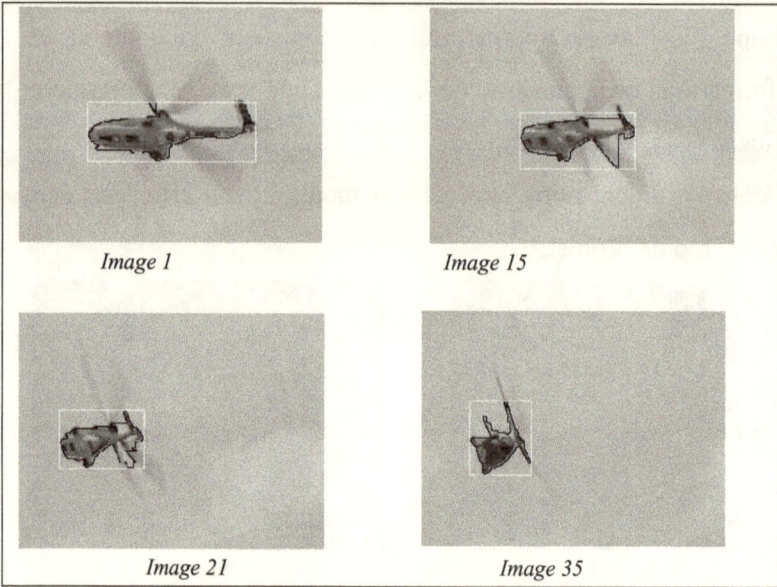

Figure 4.10 : Suivi d'un hélicoptère effectuant un vol. Taille de l'image : 240x320. Images 1, 15, 21 et 35 de la séquence.

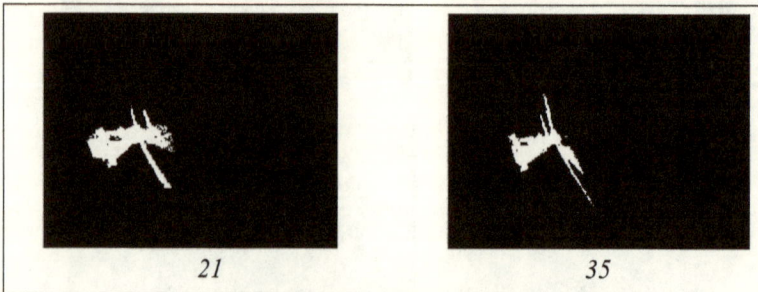

Figure 4.11 : Images de densité de probabilité. Images 21, 35 et 76 de la séquence.

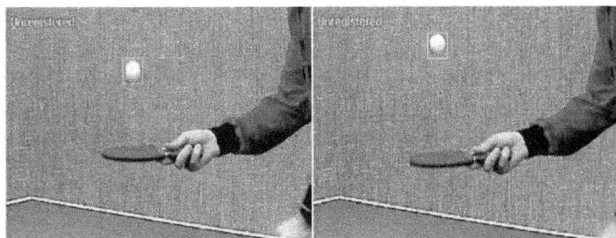

Image 1   Image 2

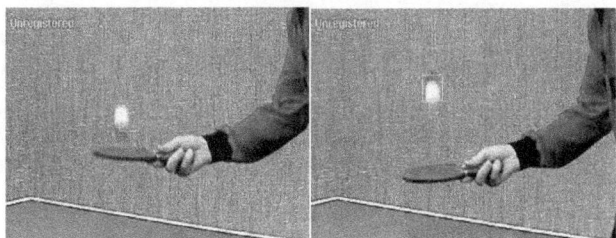

Image 8   Image 15

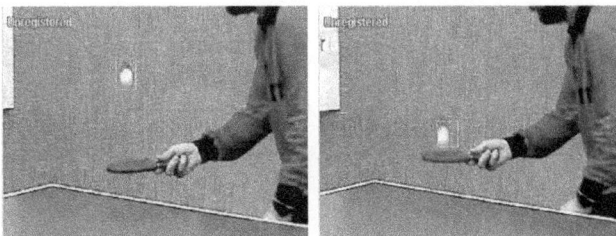

Image 23   Image 25

Figure 4.12 : Suivi d'une balle de tennis de Tableau. Taille de
l'image : 480x640. Images 1, 2, 8, 15, 23 et 25 de la séquence.

Figure 4.13 : Suivi d'une femme en présence d'occlusion. Taille de l'image : 576x720. Images 6, 32, 62, 67, 81 et 97 de la séquence.

Figure 4.14 : Suivi d'une deuxième femme en présence de plusieurs occlusions. Taille de l'image : 576x720. Images 1, 36, 38, 44, 66, 93, 152 et 175 de la séquence.

Chapitre 5 : Suivi d'Objet Basé sur l'Approche CamShift et les Points d'Intérêt pour des Images en Niveaux de gris

5.1 - Introduction

Ce chapitre décrit une méthode de suivi d'objet combinant une mise en correspondance de points d'intérêt et l'approche CamShift dans des séquences d'images en niveaux gris. Les points d'intérêt sont employés pour favoriser la flexibilité du mécanisme de suivi d'objet déformable tandis que l'algorithme de CamShift permet d'obtenir des résultats de suivi avec une robustesse élevée, malgré l'information limitée généralement présente dans les séquences d'images réelles en niveaux de gris. Nous ne disposons plus d'informations colorimétriques, mais juste de la seule information qui est le niveau de gris en chaque pixel et qui, à elle seule, ne peut pas nous permettre de bien caractériser l'objet dont le suivi est alors difficile.

Dans les séquences d'images en niveaux gris, la densité de probabilité n'est pas précise et souvent incertaine. De plus, elle inclut d'autres régions ayant les mêmes moyennes de niveau de gris que les régions de la cible ; l'algorithme de CamShift commet alors des erreurs en évaluant la nouvelle position de la cible. En effet, selon l'objet à suivre et l'environnement dans lequel il évolue, l'algorithme de CamShift appliqué sur des séquences d'images en niveaux de gris peut fournir directement les images successives de distribution de probabilité correctes (figures 5.5, 5.6 et 5.7) ou présenter une image de probabilité croissante au fur et à mesure de la séquence (Figure 5.8). Cette croissance d'objet est principalement due à la similarité des niveaux de gris entre le modèle de l'objet et le fond, mais aussi à une taille non limitée de la fenêtre de recherche (voir section 5.5). Afin d'apporter une solution à notre problématique, nous proposons de prédire le déplacement de la cible dans le but de réduire la taille de la fenêtre de recherche dans laquelle la distribution de probabilité est calculée. Nous présentons une nouvelle structure algorithmique combinant une mise en correspondance de point d'intérêt et le traqueur CamShift dans un contexte d'image en niveaux de gris. Le schéma proposé préserve la qualité du suivi obtenue dans le cadre des images couleur tout en améliorant les temps de traitement.

Le principe général de notre approche réside dans le fait que nous calculons le déplacement temporaire du centre de la cible entre deux images successives grâce à une mise en correspondance de points d'intérêt. Nous plaçons alors une fenêtre de recherche réduite sur ce centre temporaire avant l'application de l'algorithme de CamShift pour déterminer avec une raisonnable précision la position et la taille de l'objet à suivre.

Le reste de ce chapitre est construit comme suit ; la section 5.2 présente brièvement les fondements du problème du suivi et les grandes lignes de notre méthode. L'approche de suivi basée sur les points d'intérêt est présentée et décrite dans la section 5.3. L'algorithme de CamShift est passé en revue dans la section 5.4, de même que l'implantation du nouvel algorithme développé pour le suivi d'objet. Les résultats obtenus et quelques commentaires sont exposés dans la section 5.5. Nous terminons par une conclusion dans la section 5.6.

5.2 - La modélisation Points d'intérêt Invariants - Histogramme

Le problème considéré ici est le suivi d'un objet R^k dans une séquence de K images réelles en niveaux de gris I^k, où k=1,...,K et I^k est la $k^{ème}$ image de la séquence. Dans l'image k, posons $I^k(x,y) \in \{0,..,255\}$ l'intensité au point (x,y). Une façon de caractériser un objet est d'utiliser ses points caractéristiques les plus visibles grâce auxquels nous serons capables de le suivre. Dans une image, les points d'intérêts correspondent à des doubles discontinuités de la fonction d'intensité. Ce sont par exemple les coins, les jonctions en T ou encore les points de fortes variations de texture. Nous pouvons donc définir un point d'intérêt comme un point dans l'image où des changements significatifs de la fonction de luminance se produisent. Soit $P^{k,i}$, i=1,...,N, un des N points d'intérêt détectés à l'intérieur de l'objet R^k avec le détecteur de Harris et Stephen [74] ; ce nombre de points d'intérêt peut varier d'une image à l'autre. Un vecteur $V^{k,i}$ de caractéristiques locales est associé à chaque point d'intérêt [75].

Nous pouvons aussi simplement décrire cet objet de manière statistique avec son histogramme ; ce modèle est invariant par translation, par rotation et changement d'échelle (

Figure 5.1). Ce modèle change légèrement pendant une occultation [72]. Nous notons H^k l'histogramme de l'objet R^k à suivre dans l'image niveaux de gris I^k.

En supposant que l'objet R^k, les images I^k et I^{k+1} sont connus, notre objectif est de trouver R^{k+1}. Les principales étapes de notre système de suivi sont décrites par l'organigramme représenté à la Figure 5.2.

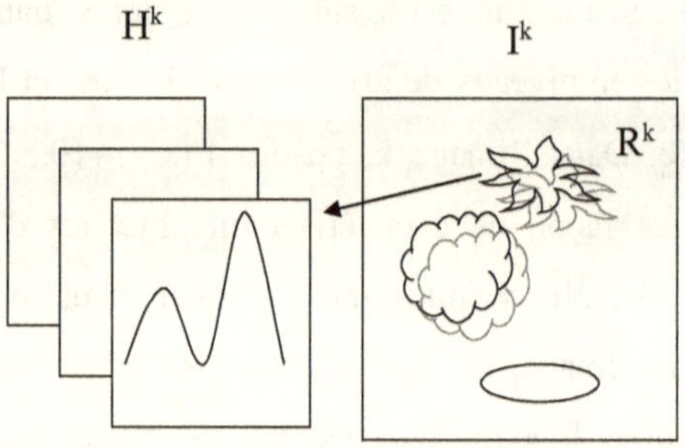

Figure 5.1 : Les modèles d'objet et leurs histogrammes locaux correspondants.

La définition de notre cible est faite comme expliqué dans le chapitre précédent (section 4.3). Nous appliquons donc le filtre de Canny [71] dans le rectangle défini manuellement par l'opérateur pour réaliser une détection de contours, puis les frontières externes sont jointes afin d'obtenir un unique contour fermé. A nouveau, il est évident que cette détection du contour de notre objet est simple et ne rivalise pas avec d'autres méthodes qui nécessitent des temps de calcul assez importants ; néanmoins, elle permet d'éliminer une grande partie du fond souvent inclus dans le rectangle. Ainsi le but final est-il de considérer principalement l'information contenue dans l'objet d'intérêt pour le calcul des modèles de la cible.

Les modèles de cible peuvent maintenant être établis, c'est-à-dire les points d'intérêt $P^{k,i}$ et l'histogramme H^k de l'objet. R^k étant défini par le contour fermé défini ci-dessus, les points suffisamment distinctifs à l'intérieur sont déterminés et comptés. En considérant la position actuelle de R^k dans I^k, une fenêtre de recherche est alors définie dans l'image suivante I^{k+1} dans laquelle nous devrons trouver R^{k+1}.

Cette fenêtre de recherche temporaire correspond à un rectangle plus grand que les dimensions maximales de l'objet dans I^k ; nous tenons compte du déplacement de l'objet entre deux images successives, donc un écart de $\pm\delta$ pixels (dans nos expériences, nous utilisons $\delta = 10$ pixels) est généralement choisi afin de limiter les temps de calcul. Dans cette fenêtre, une segmentation d'objet est effectuée dans les mêmes conditions et pour les mêmes raisons que dans l'image I^0.

Une nouvelle détection de points d'intérêt est lancée dans cet objet temporaire et une mise en correspondance est réalisée entre eux et ceux trouvés précédemment $P^{k,i}$. Cette mise en correspondance aide à estimer le déplacement de l'objet et ainsi la position et la taille d'une fenêtre de recherche réduite dans laquelle nous trouverons sûrement notre objet.

L'histogramme H^k constitue le deuxième modèle de l'objet. Nous l'employons pour calculer l'image de densité de probabilité dans la fenêtre de recherche réduite dans I^{k+1}. Cette image nous renseigne sur la probabilité que chaque pixel situé dans la fenêtre appartienne à R^{k+1} si nous supposons que les changements d'illumination sont minimaux entre deux images successives.

A partir de cette image de probabilité, l'algorithme de CamShift permet de converger itérativement vers la position la plus probable de l'objet à suivre R^{k+1}, ainsi que sa taille. Ce processus est alors répété pour un suivi continu de l'objet dans la séquence vidéo. Pour la prochaine image, ces position et taille sont employées comme centre et dimensions de la fenêtre de recherche.

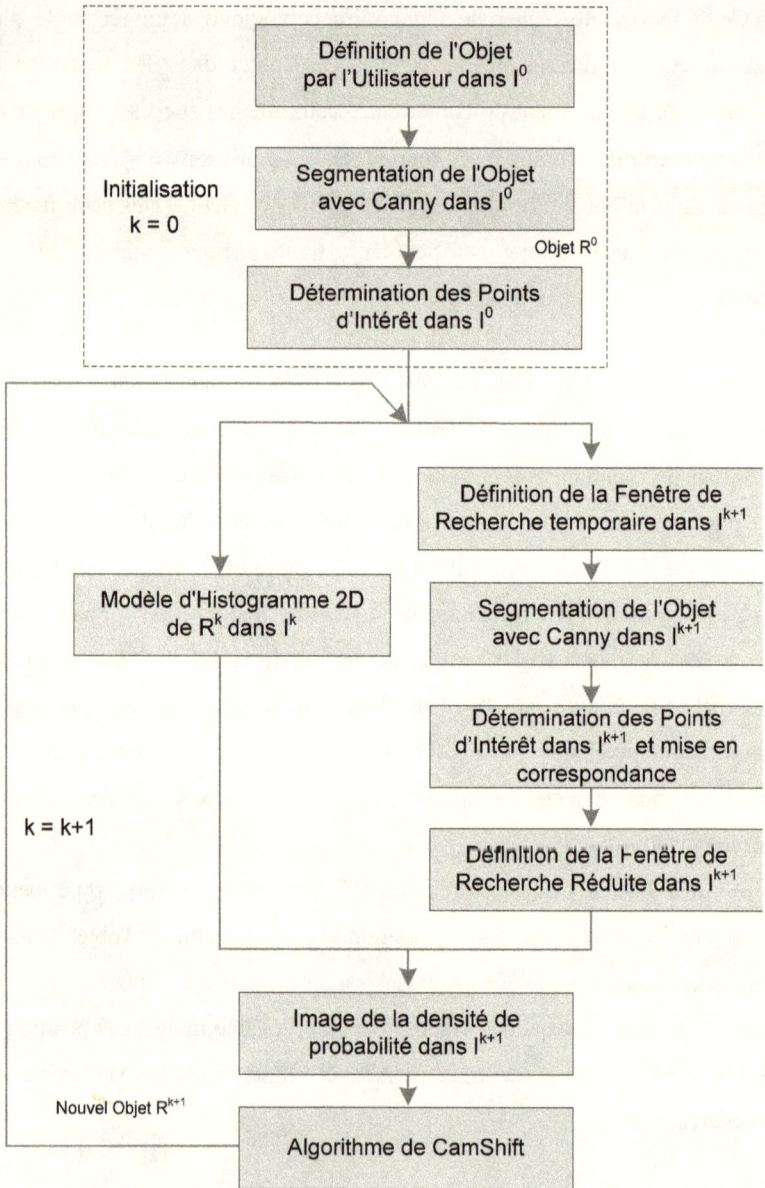

Figure 5.2 : Organigramme de la méthode.

Il faut préciser que si le résultat de détection de contour n'est pas optimal - particulièrement en travaillant avec des images réelles - ces étapes augmentent néanmoins la robustesse du suivi puisque les modèles de l'objet sont liés ; les résultats présentés à la section 5.5 fournissent l'évidence de cette affirmation.

L'algorithme peut être décrit comme suit :

1- Choisir une région d'intérêt à suivre ;

2- Détecter le contour de l'objet ainsi choisi ;

3- Extraire les points d'interêt de l'objet ;

4- Appliquer le CamShift ;

5- Répéter 2 à 4 pour toutes les images.

5.3 - Mise en Correspondance des Points d'intérêt invariants

Afin de pouvoir prédire le déplacement de l'objet, nous calculons notre premier modèle basé sur les points d'intérêt. Plusieurs détecteurs de points d'intérêt ont été développés [75], [76], [77], [78], [79] , [80].

Le détecteur de Harris et Stephen est considéré comme l'un des détecteurs les plus populaires puisqu'il est un des plus efficaces en cas de changements d'illumination, de bruits ou de rotations [74]. Dans une fenêtre W, le détecteur de Harris et Stephen se fonde sur l'autocorrélation des images gaussiennes lissées définie comme la somme des carrés des différences d'intensités d'image :

$$\Delta I^k \left(\Delta x, \Delta y \right) = \sum_{i,j \in W} \left[I^k \left(\Delta x + i, \Delta y + j \right) - I^k \left(\Delta x, \Delta y \right) \right]^2 \qquad (5.1)$$

En utilisant le développement de Taylor, nous obtenons :

$$\Delta I^k \left(\Delta x, \Delta y \right) = \left(\Delta x, \Delta y \right) C \begin{pmatrix} \Delta x \\ \Delta y \end{pmatrix} \qquad (5.2)$$

où :

$$C(x,y) = \begin{bmatrix} \left(I_x^k\right)^2 & I_x^k I_y^k \\ I_x^k I_y^k & \left(I_y^k\right)^2 \end{bmatrix}$$

(5.3)

I_x^k et I_y^k sont les dérivées gaussiennes du premier ordre dans les directions x et y d'un pixel de coordonnées (x, y). Les deux valeurs propres de C sont proportionnelles à la courbure principale de C. Il est montré dans [74] que lorsque la trace de la matrice est grande, il y a un contour, et quand le déterminant est grand, il y a un contour ou un coin. Un opérateur indiquant la pertinence d'un coin est défini par :

$$Css(x,y) = \left|C(x,y)\right| - \pi Trace^2\left[C(x,y)\right]$$

(5.4)

où π=0.04 pour fournir une discrimination envers les contours de fort contraste. Le détecteur de Harris et Stephen permet alors de trouver le maximum local adapté pour une détection de coin pertinente. La détection des points d'intérêt d'Harris repose sur un calcul de dérivée, typiquement effectué par convolution avec une dérivée de la fonction gaussienne. La fonction gaussienne 2D utilisée correspond à un masque de 12 x 12 pixels avec un paramètre d'échelle sigma égal à 2, comme recommandé dans [80] dans le cadre d'une détection de points d'intérêt générale. Bien que la valeur de sigma dépende de la taille de la cible et du rapport signal sur bruit dans l'image, quelques tests sur des séquences d'images ont montré que cette valeur de 2 permet d'obtenir des points caractéristiques stables. Malgré cela, une valeur adaptative de ce paramètre permettrait d'aboutir à de meilleurs résultats, surtout dans les situations où la taille de la cible change au fil de la séquence.

Le modèle d'objet se compose d'un ensemble de points d'intérêt $P^{k,i}$ localisés à l'intérieur de cet objet et chaque point d'intérêt est décrit par un vecteur de caractéristique $V^{k,i}$ [75] :

$$V^{k,i} = \{I^k, I_x^k, I_y^k, Css, \mu, \nu, x_c, y_c\} \tag{5.5}$$

où μ et ν sont respectivement la moyenne et l'écart des niveaux de gris dans une fenêtre de 5x5 pixels autour de $P^{k,i}$, x_c et y_c sont les distances entre $P^{k,i}$ et le centre de l'objet R^k.

Une fois que l'objet R^k a été caractérisé par $P^{k,i}$, il est nécessaire de trouver le modèle correspondant dans l'image suivante I^{k+1}. Le principe de base est de trouver, pour chaque $P^{k,i}$, la meilleure correspondance avec les nouveaux points d'intérêt $P^{k+1,j}$ dans I^{k+1}.

Pour trouver cette correspondance optimale, nous comparons le vecteur $V^{k,i}$ $i \in \{1, .., N\}$, avec chaque vecteur $V^{k+1,j}$, $j \in \{1, .., M\}$, des nouveaux points d'intérêt comme illustré à la Figure 5.3 (image extraite de la séquence OC2 présentée à la Figure 5.8).

Nous employons la distance de Mahalanobis Dm(i,j) pour obtenir la meilleure correspondance entre $V^{k,i}$ et $V^{k+1,j}$ et calculer la proximité des deux descripteurs. La distance de Mahalanobis présente l'avantage d'utiliser des moyennes et variances de groupe pour chaque variable, ainsi que des corrélations et covariance entre les mesures ; c'est un outil utile pour déterminer la similarité entre un ensemble d'échantillons inconnu et un autre connu. A partir de la distance de Mahalanobis, nous obtenons l'index λ $(1 \leq \lambda \leq M)$ qui indique la distance minimale. La distance de Mahalanobis nous permet ainsi d'apparier correctement tous les points d'intérêt d'une image à la suivante. Quelques points d'intérêt peuvent ne pas avoir d'appariement parce que certains d'entre eux peuvent avoir disparu et d'autres peuvent être apparus au fil de la séquence.

a) Image I^k b) Image I^{k+1}

Figure 5.3 : Appariement par mise en correspondance optimale de chaque $P^{k,i}$ avec tous les nouveaux points d'intérêt trouvés dans l'image I^{k+1}.

La distance Mahalanobis s'exprime ainsi :

$$Dm(i,j) = \sqrt{(V^{ij}-\eta)^t CM^{-1}(V^{ij}-\eta)} \qquad (5.6)$$

où

$$CM = \begin{bmatrix} cov(V^{ij}(1),V^{ij}(1)) & cov(V^{ij}(1),V^{ij}(2)) & \cdots & cov(V^{ij}(1),V^{ij}(q)) \\ cov(V^{ij}(2),V^{ij}(1)) & cov(V^{ij}(2),V^{ij}(2)) & \cdots & cov(V^{ij}(2),V^{ij}(q)) \\ \vdots & \vdots & \ddots & \vdots \\ cov(V^{ij}(q),V^{ij}(1)) & cov(V^{ij}(q),V^{ij}(2)) & \cdots & cov(V^{ij}(q),V^{ij}(q)) \end{bmatrix}$$

et $\qquad\qquad V^{ij} = V^{k,i} - V^{k+1,j}$

η et CM sont respectivement les vecteurs des valeurs moyennes et la matrice de covariance sur l'espace des caractéristiques, cov est la fonction de covariance et q est le nombre de descripteurs dans chaque vecteur (dans notre cas, q = 8).

Un bon appariement de points d'intérêt nous permet de calculer le déplacement du centre de l'objet entre deux images successives. Il s'agit de considérer le déplacement de chacun des points d'intérêt correctement appariés et de calculer le déplacement moyen suivant x et y. Initialement, le déplacement de tous les points d'intérêt appariés est calculé. Nous supposons que tous les points d'intérêt parcourent sensiblement la même distance et nous calculons le déplacement (Δx^g, Δy^g) de chaque point d'intérêt, avec $g \in \{1,..,h\}$, h étant le nombre de points d'intérêt appariés, c.-à-d. :

$$\Delta x^g = x^{k,g} - x^{k+1,g} \qquad (5.7)$$
$$\Delta y^g = y^{k,g} - y^{k+1,g} \qquad (5.8)$$

$x^{k,g}$, $x^{k+1,g}$, $y^{k,g}$ et $y^{k+1,g}$ sont les abscisses et ordonnées respectives des points d'intérêt dans I^k et I^{k+1}. A partir de ce résultat, l'estimation correcte du déplacement est donnée par :

$$\Delta \overline{X} = mean(\Delta x^g) \ ; \ \Delta \overline{Y} = mean(\Delta y^g) \qquad (5.9)$$

Dans le but de considérer un déplacement plus précis, mais toujours provisoire, du centre de l'objet, nous calculons à nouveau le déplacement, mais cette fois-ci sans tenir compte des quelques points d'intérêt présentant un déplacement beaucoup plus grand que le déplacement moyen calculé précédemment. Le centre de l'objet dans I^k étant noté C_{ent}, il suffit d'ajouter le déplacement estimé $(\Delta \overline{X}, \Delta \overline{Y})$ à ce centre pour déterminer le nouveau centre C_{temp} de l'objet dans I^{k+1}.

La mise en correspondance des points d'intérêt d'une image à l'autre introduit souvent quelques erreurs de calcul dues au fait que quelques points d'intérêt peuvent être mal appariés. Ces mauvais appariements peuvent résulter du bruit dans les images réelles, des déformations 3D de l'objet ou des changements d'éclairement. C'est la raison pour laquelle nous pouvons placer la zone de recherche réduite sur ce nouveau centre provisoire C_{temp} (Figure 5.4) et utiliser ensuite le deuxième modèle de l'objet à suivre dans l'algorithme de CamShift pour corriger ces possibles erreurs et améliorer la détermination de la position de la cible.

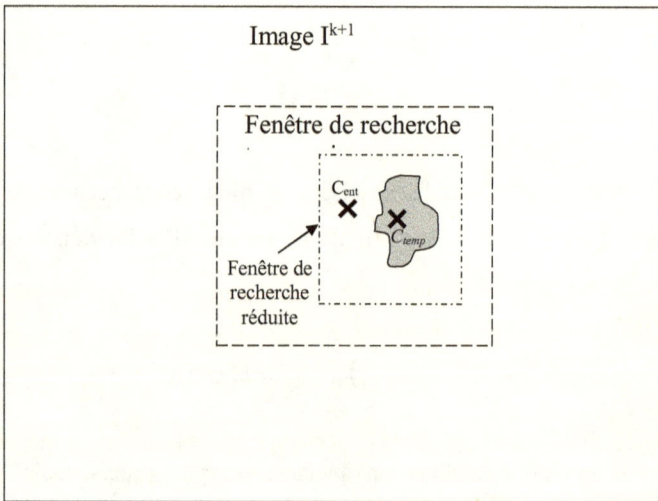

Figure 5.4 : Fenêtre de recherche réduite.

5.4 - Suivi Basé sur l'Algorithme de CamShift

L'algorithme de CamShift a été détaillé dans le chapitre précédent, dans la section 4.5. Nous utilisons ici une approche modifiée pour appliquer cette technique avec des images en niveaux de gris. La partie de l'image I^{k+1} incluse dans la fenêtre de recherche réduite est convertie en une image de densité de probabilité relativement à l'histogramme H^k de l'objet à suivre (Figure 4.5).

Cela est réalisé en évaluant la probabilité de chaque pixel d'appartenir à l'objet ; cette probabilité correspond à la valeur de niveau de gris du pixel dans l'histogramme normalisé H^k.

A partir de cette image, le centre et taille finaux de l'objet sont déterminés grâce à l'algorithme de CamShift. Ces nouveaux centre et taille sont utilisés pour placer la fenêtre de recherche dans la nouvelle image.

L'algorithme de CamShift nous a permis de construire la carte de densité de probabilité sur laquelle on exploite les propriétés de l'algorithme de MeanShift [70] - une méthode statistique non paramétrique pour chercher le mode le plus proche d'une distribution d'échantillons - afin de retrouver la nouvelle position ainsi que les nouvelles dimensions de la cible [42], [45]. (voir la section 4.5 pour plus de détails).

Une des difficultés dans l'application de l'algorithme de CamShift sur des séquences d'images niveaux de gris réside dans la construction d'un ensemble de données fiables, c'est-à-dire l'image de densité de probabilité. A partir des résultats de l'algorithme de Canny, nous connaissons l'histogramme H^k de l'objet et nous pouvons définir H_b^k comme l'histogramme du fond dans la fenêtre de recherche réduite. Nous pouvons alors former une distribution de probabilité discrète empirique S^k pour l'objet et T^k pour le fond, en normalisant chaque histogramme par le nombre d'éléments à l'intérieur. Pour mieux distinguer l'objet du fond, nous produisons finalement le rapport de vraisemblance logarithmique des distributions de niveaux de gris conditionnelles. Le rapport de probabilité logarithmique du niveau de gris i est donné par [81] :

$$L(i)=\log\frac{S^k(i)}{T^k(i)} \qquad (5.10)$$

Le rapport de probabilité logarithmique non linéaire convertit les distributions objet/fond en valeurs positives pour les niveaux de gris propres à l'objet et en valeurs négatives pour des niveaux gris associés au fond. Les niveaux de gris qui sont partagés tant par l'objet que par le fond tendent vers zéro.

La rétro-projection de ces valeurs du rapport de vraisemblance logarithmique dans la fenêtre de recherche réduite de l'image I^{k+1} produit une image pondérée appropriée au suivi (Figure 5.5). La rétro-projection conduit pratiquement à la formation de l'image de densité de probabilité désirée qui est simplement une image niveaux de gris. Les pixels candidats de l'objet dans cette image sont assignés d'une valeur plus élevée, alors que les autres pixels sont mis à zéro.

La fenêtre de recherche réduite est ensuite placée sur le centre temporaire C_{temp} et le centre de masse de la distribution est calculé. Si celui-ci est différent du centre de la fenêtre, alors la fenêtre de recherche est déplacée vers ce centre de masse. Nous répétons ainsi l'opération jusqu'à ce que le centre de masse de la distribution dans la fenêtre soit identique au centre de la fenêtre. La procédure se termine lorsque nous atteignons une variation minimale entre la position de la nouvelle fenêtre et la position précédente. Le nombre d'itérations dans l'algorithme de CamShift est généralement très élevé, mais dans notre cas, l'algorithme de CamShift converge rapidement vers le centre de la cible puisqu'il démarre à partir de C_{temp}.

Le centre final de l'objet R^{k+1}, son orientation et ses dimensions sont calculés comme expliqué dans le chapitre précédent ; ainsi ses contours et sa forme sont déterminés en conséquence.

Pour prendre en considération les différents changements de formes de la cible, nous mettons à jour son modèle pour chaque image avec des coefficients de pondération calculés à partir de l'histogramme précédent. La mise à jour de l'histogramme maintient le modèle à jour et atténue le problème des erreurs qui peuvent s'accumuler progressivement au fil de la séquence. L'histogramme du modèle de la cible est normalisé avec des cœfficients unidimensionnels lissés, comme dans [43] et [45]. $H^k(i)$ et $H^{k+1}(i)$, $i \in \{0,..,255\}$, sont les histogrammes respectifs de la cible R^k et R^{k+1} correspondant aux images I^k et I^{k+1}. Les coefficients de pondération sont calculés selon cette relation :

$$\text{Coef(i)} = \frac{H^k(i)}{\sum_{i=0}^{255} H^k(i)}, \qquad (5.11)$$

et le modèle mis à jour est donné par :

$$H^{k+1}(i) = \text{Coef(i)} . H^{k+1}(i) \qquad (5.12)$$

5.5 - Résultats

L'algorithme de CamShift implémenté a été testé avec succès sur plusieurs séquences d'images. Les images des figures 5.5, 5.6, 5.7 et 5.8 illustrent quelques résultats obtenus.

Dans la Figure 5.5, nous suivons un hélicoptère dans une séquence d'images de 250x190 pixels codées sur 8 bits. Seules quelques images prises à différents instants sont présentées ici avec un rectangle entourant l'objet à suivre et les images de densité de probabilité correspondantes. Le temps du calcul est environ de 0.68 seconde pour chaque image. Dans cette séquence, l'objet d'intérêt se distingue facilement du fond, les résultats sont donc très satisfaisants. Les résultats donnent aussi satisfaction pour les séquences des figures 5.6 et 5.7. Par contre, la séquence d'images de 576x720 pixels de la Figure 5.8 est plus complexe et certains niveaux de gris appartiennent autant à la personne à suivre qu'au reste de l'image, même et hélas près de cette personne, ce qui complique le traitement. Comme présenté, l'algorithme échoue dans le suivi de la femme au fil de la séquence. En effet, le résultat du suivi devient de plus en plus grand au fur et mesure que la séquence défile parce que de plus en plus de pixels du fond sont ajoutés à l'objet.

Afin de pallier ce problème, les deux étapes de la segmentation d'objet et de la mise en correspondance des points d'intérêt sont introduites. Elles nous permettent d'une part de limiter le nombre de points appartenant à l'objet, d'autre part de concentrer l'algorithme de CamShift sur la zone la plus probable où l'objet est situé, réduisant par la même occasion le nombre d'itérations.

L'image de la Figure 5.9 illustre bien le résultat obtenu après ces deux étapes. Le rectangle externe définit la zone de recherche dans laquelle est localisé l'objet à suivre. À l'intérieur de ce rectangle, le résultat de la segmentation d'objet fourni par le détecteur de Canny est représenté. Ce résultat est loin d'être optimal mais il est suffisant pour les étapes suivantes de notre méthode. Il semble évident que si le fond est très texturé, la taille du rectangle défini par l'opérateur dans la première image de la séquence doit être réduite pour prendre en compte le minimum de pixels du fond. Les points d'intérêt sont ensuite déterminés à l'intérieur de l'objet segmenté. A partir de l'objet segmenté, on peut aussi calculer le modèle d'histogramme de l'objet, et à partir des points d'intérêt et de leurs correspondances dans l'image suivante, définir la position initiale utilisée dans l'algorithme itératif de CamShift.

Les résultats de suivi obtenus avec les approches présentées dans ce chapitre sur quelques séquences sont présentés dans les figures 5.10 et 5.11. Pour comparer directement le suivi en utilisant l'algorithme de CamShift avec et sans la combinaison de Canny et des points d'intérêt, la Figure 5.10 montre les résultats du suivi de la femme dans la séquence de la Figure 5.9 par l'algorithme de CamShift avec le modèle des points d'intérêt. On peut observer sur cette figure le résultat de segmentation, l'image de la densité de probabilité et l'objet à suivre pour quelques images sélectionnées de la séquence. Malgré les occlusions, notre algorithme réussit à suivre la femme en utilisant cette combinaison, contrairement aux résultats proposés à la Figure 5.8.

Notre approche prend environ 0.34 seconde pour suivre la femme, avec approximativement 0.222 seconde pour le filtre de Canny, 0.071 seconde pour la détection des point d'intérêt et la mise en correspondance, et 0.047 pour l'algorithme de CamShift.

Il est incontestable que le temps consacré à l'algorithme itératif de CamShift est réduit par rapport au temps précédent, avec des résultats totalement similaires sur la séquence de la Figure 5.5 (0.06 seconde contre 0.068 seconde pour le CamShift). Néanmoins, le temps nécessaire pour le détecteur de Canny occupe 65% du temps global : nous devons donc réduire ce temps.

Dans la Figure 5.11, l'algorithme suit une femme dans une séquence d'images de 576x720 pixels, tout en contrôlant l'occultation avec un cycliste. Pendent et après cette occultation partielle, l'algorithme continue à suivre correctement la personne. La Figure montre également le résultat de la segmentation et l'image de probabilité. Le suivi prend environ 0.50 seconde par image.

Notre algorithme a été testé sur 13 séquences présentant différentes caractéristiques. L'algorithme de CamShift seul fournit des résultats convenables sur 4 séquences dans lesquelles la scène n'est pas complexe et l'objet se distingue bien du fond (Figure 5.5, Figure 5.6 et Figure 5.7). Dans les autres cas, le rectangle comprenant l'objet à suivre grossit très rapidement et peut se décaler parce qu'une partie du fond environnant est similaire à une partie de l'objet (Figure 5.8). Par contre, le couplage points d'intérêt/Canny/CamShift permet de faire passer le nombre de résultats convenables de 4 à 11 (Figure 5.10 et Figure 5.11), les cas d'échec s'expliquant par une occlusion importante de l'objet ou une scène complexe avec un nombre significatif de textures.

5.6 - Conclusions

Dans ce chapitre, nous avons proposé une nouvelle approche de suivi d'objet pour des séquences d'images en niveaux de gris, combinant les points d'intérêt et l'algorithme de CamShift. Dans cette approche, la cible est caractérisée par deux modèles différents : son histogramme unidimensionnel et ses points d'intérêt. Il faut ainsi estimer, dans un premier temps, le déplacement de la cible entre deux images successives par une mise en correspondance des points d'intérêt détectés dans les deux images. Ce déplacement est employé pour réduire la taille de la fenêtre de recherche et améliore ainsi l'efficacité des traitements. Dans l'étape suivante, nous calculons la densité de probabilité de la fenêtre d'image sélectionnée, et nous déterminons aussi bien la position que les dimensions de l'objet.

Nos résultats montrent l'impact de l'emploi d'une technique simple de segmentation basée sur le détecteur de Canny pour améliorer le suivi d'objet dans des séquences d'images en niveaux de gris tout en gérant les occultations.

Cette technique peut être améliorée en mémorisant la trajectoire des points d'intérêt sur plusieurs images. Ainsi, même si un ou plusieurs points d'intérêt disparaissent lors d'une occultation, le modèle général de l'objet nous permettra de prédire correctement sa position et de contrôler ses déformations.

Les résultats expérimentaux valident notre approche et montrent son efficacité dans le suivi rapide des objets. Cette approche est plus intéressante si on désire suivre un objet en le maintenant au centre de l'écran plutôt que de déterminer avec exactitude ses contours.

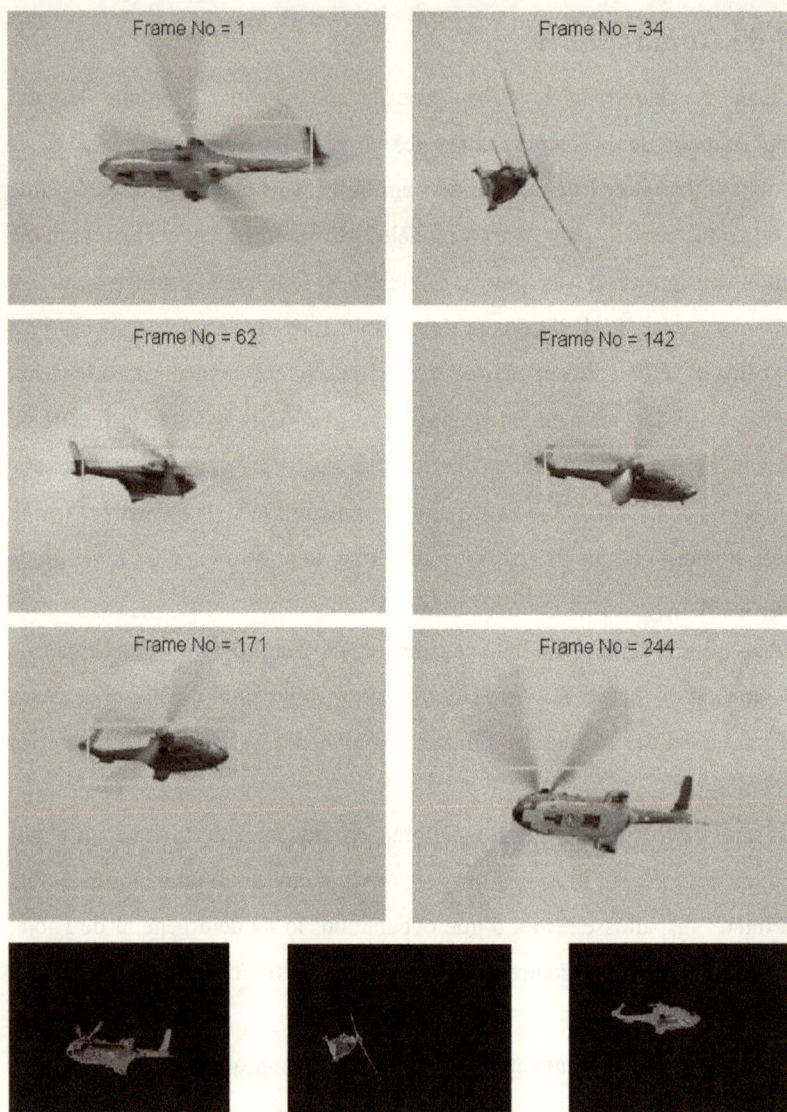

Figure 5.5 : Résultat du suivi en utilisant l'algorithme de CamShift sur une séquence d'images niveaux de gris dans laquelle l'objet et le fond se distinguent facilement.

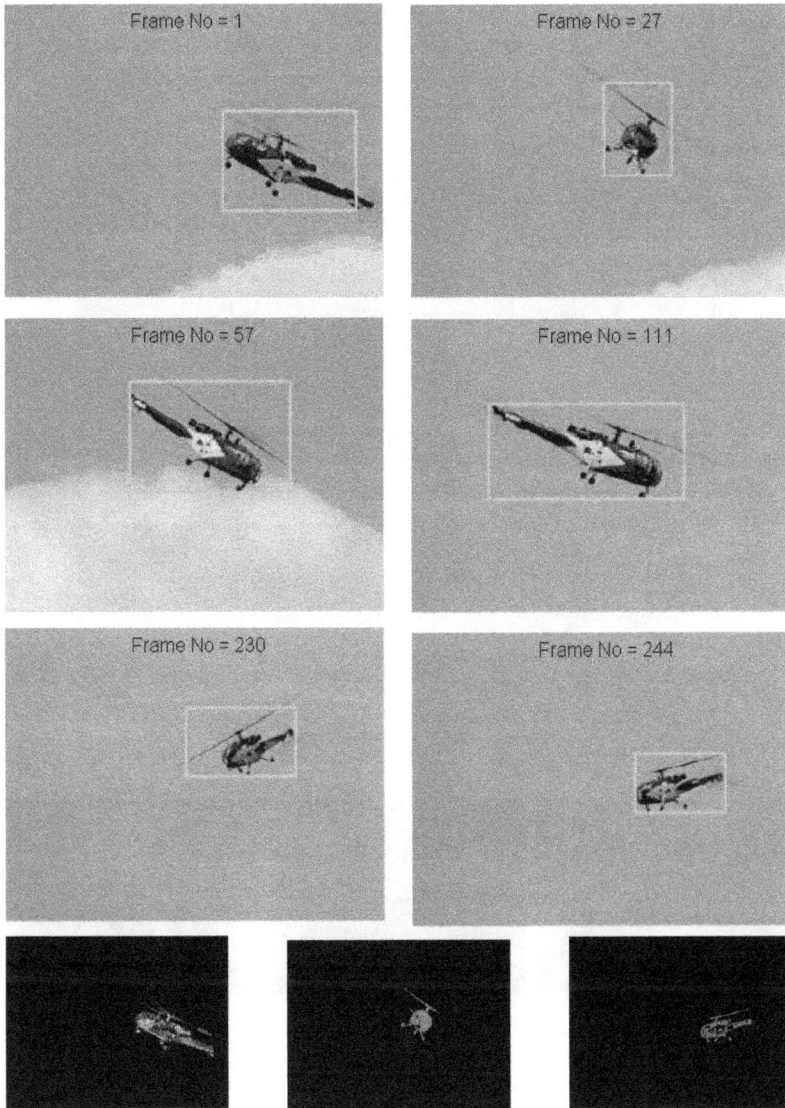

Figure 5.6 : Résultat du suivi en utilisant l'algorithme de CamShift sur une séquence d'images niveaux de gris dans laquelle l'objet et le fond se distinguent facilement.

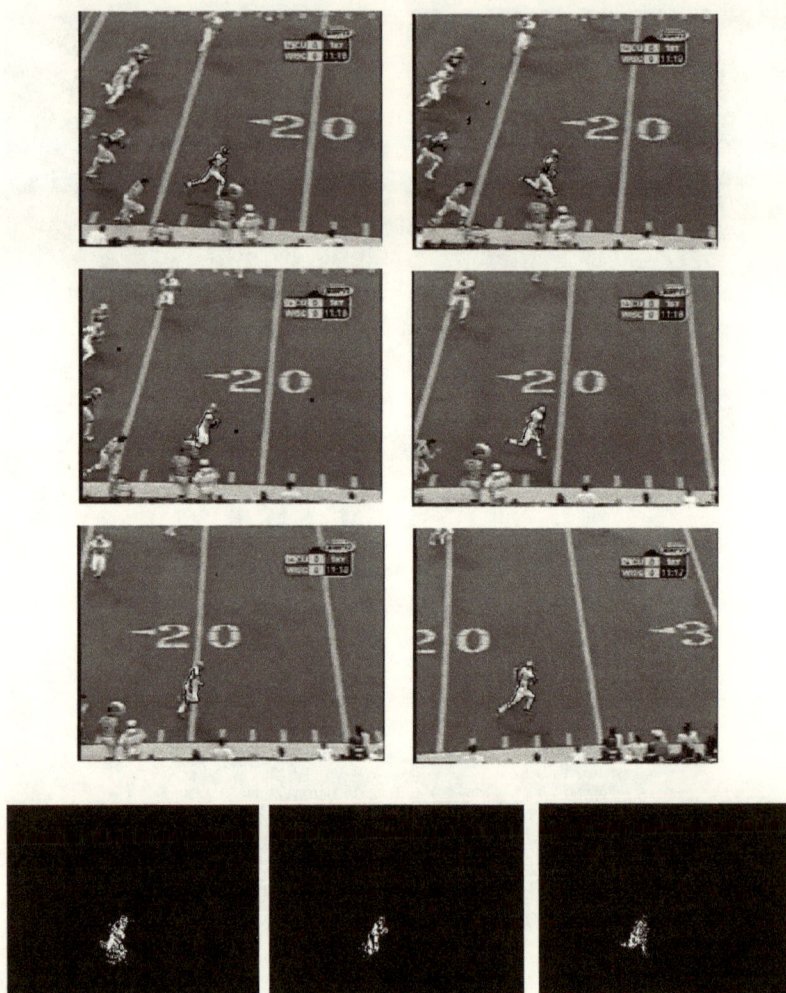

Figure 5.7 : Suivi de cible sur une séquence de rugby par l'approche
CamShift en niveaux de gris. Images : 1, 6, 14, 21, 25 et 32 de la séquence.
Cartes de probabilité des images de suivi : 6, 14 et 21 de la séquence

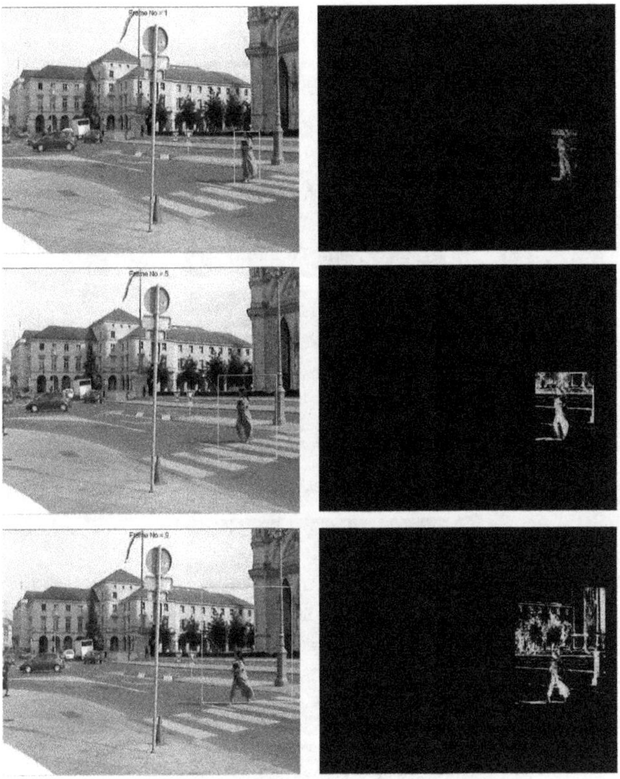

Figure 5.8 : Résultat du suivi en utilisant l'algorithme de CamShift sur une séquence d'images niveaux de gris dans lesquelles le fond est complexe.

Figure 5.9 : Résultat de segmentation d'objet et de détermination des points d'intérêt.

Figure 5.10 : Suivi d'une femme dans une séquence d'images 576x720 pixels par le CamShift avec points d'intérêt et segmentation d'objet. La première colonne montre le résultat de la segmentation, la seconde l'image de probabilité et la troisième montre le résultat du suivi.

Figure 5.11 : Suivi d'une femme dans une séquence d'images 576x720 pixels par le CamShift avec points d'intérêt et segmentation d'objet.

Chapitre 6 : Critères d'Evaluation et Comparaison des Techniques de Suivi

6.1 - Introduction

Dans ce chapitre, nous nous intéressons à la manière d'évaluer les performances des techniques de suivi présentées précédemment, et comment obtenir un suivi d'objet robuste et précis. Nous avons donc entrepris une comparaison quantitative entre les trois techniques de suivi qui sont fondées sur les approches suivantes : les courbes de niveau, le filtrage particulaire et le CamShift. L'objectif est un indicateur de suivi qui estime la qualité du suivi basée sur la vérité terrain (Ground Truth GT). Les techniques de suivi ont été évaluées sur des images réelles avec différentes transformations géométriques et pour différentes catégories de scénario.

L'organisation du ce chapitre est comme suit : dans la section suivante, nous présentons les principes de l'évaluation, c'est-à-dire la méthode de calculer l'efficacité de chaque technique de suivi, quelles séquences de test ont été utilisées, comment la phase de suivi a été initialisée et comment l'erreur de suivi a été quantifiée.

Les sections suivantes concernent l'étude des variations du résultat de suivi avec la modification des paramètres algorithmiques. L'objectif est de trouver les paramètres optimaux de chaque technique de suivi pour chaque séquence de test et qui seront employés dans la comparaison entre les techniques de suivi.

Pour la technique basée sur l'approche de LSM, le NSFM, nous considérons deux variables : la plage maximale de déplacement δ de la cible entre deux images successives, et la taille ξ de la fenêtre de recherche utilisée dans la technique de voisinage. Concernant l'approche de FP, les deux variables étudiées sont le nombre de particules Np et la taille de la distribution des particules Pd.

Pour l'approche de CamShift, plusieurs paramètres sont à prendre en compte. Premièrement, à l'intérieur de cette technique générale, trois variantes du CamShift sont présentées selon la dimension de l'histogramme manipulé :

1- Un histogramme 3D pour lequel les trois canaux de couleur sont utilisés ;

2- Un histogramme 2D où seulement 2 canaux sont utilisés : le plus représentatif de la cible et le moins représentatif du fond.

3- Un histogramme 1D dans le contexte des images en niveaux de gris.

Pour chaque variante du CamShift, quelques paramètres doivent être ajustés pour obtenir la réponse optimale pour chaque séquence de test :

- La résolution d'histogramme utilisée pour le modèle de l'objet.
- La pondération dans la mise à jour du modèle qui repose sur deux parties :
  - La première partie concerne l'ancien modèle consistant en l'histogramme de l'objet à suivre ; elle représente la mémoire du modèle de cible dans les images précédentes.
  - La deuxième partie se rapporte au nouveau modèle composé de l'histogramme de la fenêtre de recherche ; elle représente

la confiance que nous pouvons avoir sur le nouveau modèle pour représenter correctement l'objet dans l'image suivante.

- Le troisième paramètre définit le seuil à partir duquel nous supposons que la similarité entre l'image de probabilité obtenue dans l'image précédente et l'image de probabilité obtenue dans l'image courante est suffisamment haute pour nous permettre de mettre à jour le modèle de l'objet à suivre.

- Le quatrième paramètre est la plage de variation de la taille de l'objet que nous autorisons d'une image à la suivante ; il est exprimé en pourcent.

La dernière section présente les comparaisons entre les techniques de suivi pour chaque séquence. Une conclusion vient clôturer le chapitre.

6.2 - *Principes d'évaluation*

6.2.1-Efficacité de calcul

Afin de comparer l'efficacité de calcul des techniques de suivi, les algorithmes ont été implantés et testés sur un PC Pentium IV 2.8 GHz équipé de 1Go de mémoire sous Matlab. Pour évaluer la stabilité du suivi, chaque algorithme est répété 10 fois avec différentes zones d'initialisation, comme il sera expliqué plus ultérieurement. La variation des résultats est étudiée et analysée statistiquement ; la performance de chaque algorithme de suivi est estimée en calculant l'erreur de suivi ε et le pourcentage de convergence ρ. L'erreur de suivi représente la déviation du résultat de l'algorithme par rapport au résultat optimal, alors que le pourcentage de convergence correspond au nombre d'essais pour lesquels l'algorithme donne le résultat exact par rapport à un résultat inexact. Le temps d'exécution pris pour chaque essai est calculé et moyenné.

6.2.2- Séquences de test

De nombreux tests ont été faits sur de nombreuses séquences vidéo. Seules six séquences représentatives sont présentées ici pour évaluer les techniques de suivi proposées. Les résultats de chaque technique de suivi sur chaque séquence sont évalués en termes de performance de suivi.

La première séquence est la séquence Road dans laquelle l'objectif est de suivre un véhicule. La caractéristique principale de cette séquence est les changements de taille de cible au fil du temps. La deuxième séquence est la séquence HC1 ; la cible est un hélicoptère dont l'apparence change : l'hélicoptère est souvent partiellement caché par ses propres pales.

La troisième à la dernière séquence (OC1, OC2, Univ et LESI) concernent le suivi d'individus. Dans la séquence OC1, l'apparence de la cible ne change pas beaucoup, mais celle-ci est partiellement occultée pendant environ 10 images. La séquence OC2 contient des occultations avec un cycliste, un piéton et deux voitures. La séquence Univ est une séquence très bruitée ; la cible subit ici de très grandes occultations. Enfin la séquence LESI présente un exemple de changements de topologie de la cible et d'éclairage. Le Tableau 6.1 résume les informations générales de chaque séquence. Dans le cas d'un changement d'échelle de la cible, la taille de l'objet est celle dans la première image.

Tableau 6.1 : Information générale sur les séquences de test.

Nom de la séquence	Taille de l'image (pixels)	Nbre d'images	Type d'objet	Taille de la cible (pixels)	Propriétés de la séquence				
					Changement d'éclairage	Variation d'apparence	Occultation	Fusion et division	Changement de taille
Road	320x240	90	Véhicule	350	✓	✓	✗	✗	✓
HC1	720 x 240	244	Hélicoptère	4200	✓	✓	✗	✗	✓
OC1	720 x 576	175	Piéton	6500	✗	✓	✓	✗	✗
OC2	720 x 576	97	Piéton	2700	✗	✓	✓	✗	✗
Univ	720 x 576	114	Piéton	5000	✓	✓	✓	✗	✗
LESI	640 x 480	334	Piéton	18300	✓	✓	✗	✓	✓

6.2.3 - Initialisation

L'initialisation, c.-à-d. le choix de l'objet à suivre dans la première image, joue un rôle important dans les algorithmes de suivi. Une fois que la cible est sélectionnée, nous employons cette information pour initialiser les algorithmes de suivi. Dans notre étude, deux types d'initialisation sont proposés : le premier se fonde sur la segmentation et est employé avec l'approche LSM. Le second est basé sur la définition de différentes zones de cible et est employé avec les approches FP et CamShift. Comme il est efficace, au niveau temps de calcul, de réduire les opérations de traitement dans la région d'intérêt, l'initialisation est usuellement limitée à une zone rectangulaire autour de l'objet. Le principe des deux techniques d'initialisation est présenté ci-dessous.

6.2.3.1- Initialisation pour l'approche LSM

Pour considérer l'effet de l'initialisation sur les techniques de suivi basées sur l'approche LSM, nous considérons différents résultats de segmentation de la cible dans la première image en appliquant différentes valeurs de paramètres dans le processus de segmentation. Ainsi les résultats de segmentation peuvent être distincts, ce qui permet d'étudier l'effet de la variation du résultat de segmentation sur le processus de suivi. Dans le même temps, il permet de simuler des conditions réelles d'utilisation dans lesquelles différents résultats de segmentation risquent d'être obtenus à chaque essai. La Figure 6.1 montre un exemple de différents résultats de segmentation pour la séquence LESI dans la première image ; dans ce cas, un simple seuil est employé pour réaliser la segmentation et les résultats diffèrent selon la valeur de ce seuil. Pour chacun des dix tests de suivi, un résultat différent de segmentation est employé.

6.2.3.2 Initialisation pour les approches FP et CamShift

Il est supposé que la cible est initialement localisée dans une fenêtre donnée. Pour considérer les variations de la sélection de la cible réalisée par un opérateur, la procédure suivante a alors été appliquée : au début de chaque essai, deux points aléatoires à l'intérieur de deux zones prédéterminées sont sélectionnés. Ces deux points sont les deux coins de la fenêtre d'initialisation, comme représenté dans la Figure 6.2. Si les coordonnées d'un coin sont (x_0, y_0), la zone de variation prédéfinie est alors définie par $\{\chi \in (x_0 \pm \eta, \ y_0 \pm \eta)\}$, où η est une constante positive aléatoire. Pour la même séquence, chaque algorithme est répété avec une fenêtre d'initialisation différente.

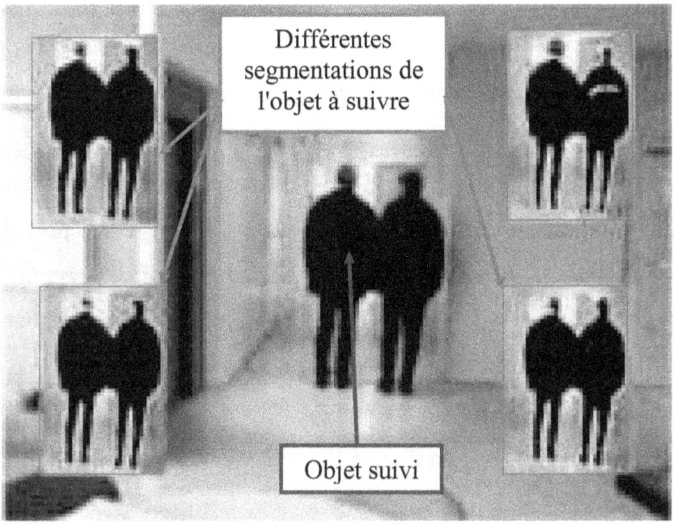

Figure 6.1 : Exemple d'initialisation après la segmentation de l'objet dans la séquence LESI.

6.2.4 - Erreur de Suivi

La vérité terrain GT représente le résultat optimal du suivi qui est indépendant de l'algorithme et de l'application. Pour obtenir le GT, nous segmentons manuellement l'objet à suivre dans chaque image de la séquence de test : le contour et le centre de masse représentant le résultat optimal de suivi sont obtenus.

Pour les techniques de suivi NSFM basées sur le contour, la performance de suivi - c.-à-d. l'erreur de suivi - est déterminée en employant le rapport de recouvrement σ définissant la similarité entre le GT et le résultat de l'algorithme. Par contre, le résultat des autres techniques de suivi étudiées n'est pas un contour mais le centre de masse des particules pour le FP ou le centre de masse de l'image de probabilité pour le CamShift. Ces techniques peuvent également fournir des informations quant à la taille de la cible, mais ces données sont plutôt imprécises et ne peuvent donc pas être employées dans notre évaluation comparative.

Pour réaliser la comparaison entre les différentes approches de suivi, il semble nécessaire d'employer le même type de données dans le but de travailler sur des informations équivalentes. C'est la raison pour laquelle nous avons choisi le centre de masse comme résultat de suivi et l'erreur cartésienne entre ce résultat et le GT comme critère de comparaison (Figure 6.3). Cela implique que pour l'approche de NSFM, le centre de masse doit être calculé à partir du contour résultant.

Pour évaluer la performance et l'efficacité des approches proposées, l'erreur de suivi ε est calculée et analysée. Les courbes de performance représentent la relation entre l'erreur de suivi ε et le numéro Fn de l'image dans la séquence.

Il faut noter ici que le suivi de l'objet dans la séquence LESI est un cas particulier car il y a plusieurs divisions et fusions de la cible au fil du temps. Ceci signifie qu'évaluer la qualité du suivi de chaque technique en analysant l'erreur entre le centre de masse du résultat et celui du GT est impossible puisque le centre de masse des deux objets après division n'a aucune signification physique. Nous convenons donc de ne pas utiliser cette séquence dans l'évaluation des différentes techniques de suivi, en sachant que le NSFM est la seule approche à pouvoir gérer correctement ce type de changement topologique, contrairement aux autres approches que nous avons proposées.

6.2.5 - Évaluation des Paramètres des Algorithmes

Afin de comparer les résultats des différentes techniques de suivi, il est important de considérer l'effet des différentes combinaisons de paramètres pour chaque technique. Une des principales observations concernant la sélection des paramètres est que pour chaque séquence, il y a un choix optimal. Dans ce chapitre, l'influence des différents paramètres pour toutes les séquences de test est évaluée ; l'objectif est de déterminer les paramètres qui fournissent la meilleure performance de suivi pour chaque séquence avec la technique de suivi correspondante.

Figure 6.2 : Définition de la fenêtre d'initialisation dans la séquence OC1.

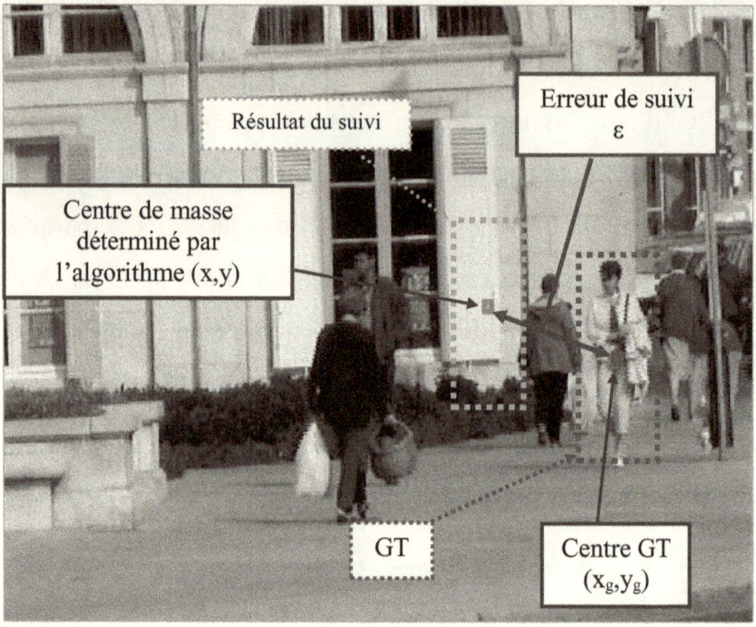

Figure 6.3 : Erreur de suivi.

Ainsi, pour chaque approche, en utilisant une séquence de test et une combinaison différente de paramètres, dix expériences indépendantes sont exécutées avec une initialisation différente. L'erreur de suivi résultante de ces dix tests est évaluée de manière statistiquement. Cette analyse inclut les valeurs d'erreur minimale, maximale et moyenne. Elle inclut également l'analyse de variance ANOVA, une méthode d'analyse statistique qui examine si les groupes de données ont les mêmes moyennes ou non, c.-à-d. si les différences moyennes entre les groupes de données sont significatives. La sortie de cette méthode est la p-valeur : une p-valeur faible – souvent inférieure à 0.05 – indique qu'ils sont différents. Les meilleurs paramètres sont alors choisis suivant l'ordre d'importance décroissant suivant :

1. Le pourcentage de convergence le plus élevé ;

2. La valeur minimale de l'erreur moyenne de suivi ;

3. La valeur maximale de la p-valeur ;

4. Le coût en temps de calcul minimal.

6.3 – L'approche LSM

A partir des différentes méthodes basées sur l'approche des courbes de niveau, nous utilisons l'approche de NSFM pour la comparaison. Pour cette approche, deux paramètres principaux sont considérés : la plage maximale de déplacement de la cible δ entre deux images successives et la taille de la fenêtre de recherche ξ utilisée dans la technique de voisinage ($Z_1 = \xi \times$ Hauteur de l'objet et $Z_2 = \xi \times$ Largeur de l'objet). Les deux variables δ et ξ sont représentées comme un pourcentage de la taille de l'objet. Cinq valeurs pour les deux variables sont considérées : 0.1, 0.3, 0.5, 0.7 et 0.9. La combinaison des deux variables donne 250 essais sur chaque séquence (à raison de 10 tests de répétabilité pour chaque combinaison) pour estimer les performances de cette approche. Le Tableau 6.2 présente une synthèse des symboles utilisés avec cette technique. Dans les sous-sections suivantes, les résultats sont présentés pour chaque séquence de test.

Tableau 6.2 : Symboles utilisés avec la technique NSFM.

Symbole	Signification du symbole	Valeurs considérées
δ	Plage maximale de déplacement de la cible entre deux images successives.	0.1, 0.3, 0.5, 0.7, 0.9
ξ	Taille de la fenêtre de recherche utilisée dans la technique de voisinage	0.1, 0.3, 0.5, 0.7, 0.9

6.3.1- Séquence Road

L'analyse de l'algorithme NSFM avec la séquence Road est présentée dans le Tableau 6.3. Le Tableau montre, pour toutes les combinaisons de paramètres, l'analyse statistique de l'erreur de suivi (minimale, maximale, moyenne et la p-valeur), le pourcentage de convergence et le coût de calcul (temps moyen exprimé en secondes).

A partir de ce Tableau, il peut être noté que la p-valeur est généralement élevée (p-valeur≈1) pour la plupart des cas. Cette valeur importante indique que les différences entre les moyennes d'erreur des tests ne sont pas significatives, c'est-à-dire que les 10 tests fournissent le même résultat. Il peut aussi être noté que le temps de calcul augmente lorsque les valeurs des deux paramètres augmentent, ce qui est normal.

Les résultats de l'algorithme NSFM peuvent également être représentés par des courbes de performance. Ces courbes nous informent, pour chaque cas, sur la qualité du suivi et en cas d'échec, le numéro de l'image à partir de laquelle la performance de l'algorithme est détériorée.

Trois courbes de performance pour quelques tests choisis sont présentées à la Figure 6.4, les sous-figures indiquant l'erreur de suivi à chaque image pour quelques combinaisons des deux paramètres. Les différentes couleurs de courbe représentent les dix résultats de test ; quelquefois, nous ne différencions pas les courbes quand les résultats sont identiques. De cette figure et du Tableau 6.3, il peut être énoncé que :

- Si les deux paramètres sont trop petits, c'est-à-dire la fenêtre de recherche est limitée, l'objet ne peut pas être suivi lors de son déplacement.

- Si les deux paramètres ont des valeurs intermédiaires, les résultats de suivi sont généralement corrects.

- Si les deux paramètres sont élevés, c'est-à-dire la fenêtre de recherche est grande, la probabilité de considérer les régions du fond ayant les mêmes caractéristiques que la cible est plus importante : il est alors plus facile d'échouer dans le suivi.

Un autre type de description est donné dans les figures 6.5 et 6.6 qui présentent la performance de suivi avec différentes valeurs de δ et une valeur fixée de ξ pour un test spécifique. Ici la Figure 6.5 montre l'erreur de suivi pour la même valeur de ξ, mais pour trois tests ; elle démonte l'influence de l'initialisation sur le résultat de suivi qui transparaît dans le résultat de la p-valeur (p-valeur=0) dans le Tableau 6.3. Par exemple, pour la combinaison ξ=0.3 et δ=0.9, la performance de l'algorithme se détériore à partir de l'image n°75 approximativement dans les 1er et 5ème essais ; de la même manière, la performance se détériore dès le début quand δ=0.3 dans les 3ème et 5ème essais. Par contre, pour les autres valeurs de δ (0.1, 0.5 et 0.7), on obtient un suivi de cible assez précis de la première à la dernière image, comme illustré dans la figure et le Tableau 6.3. Effectivement, la p-valeur est haute (=1), indiquant que pour tous les essais, la différence entre les moyennes d'erreur d'essai n'est pas significative.

La Figure 6.6, quant à elle, présente quelques tests avec différentes combinaisons de paramètres. La sous-Figure centrale montre l'erreur de suivi du 4ème essai avec ξ=0.5. Ici, l'algorithme NSFM permet d'obtenir des résultats convenables quand δ est faible (0.1, 0.3 et 0.5); par contre, quand δ=0.7 ou 0.9, les performances de l'algorithme se détériorent à partir de l'image 62 ou 32 respectivement (Figure 6.8). Cette Figure présente pour quelques images un résultat de suivi superposé à l'image originale.

De cette Figure et de la courbe de performance correspondante, il peut être noté que l'algorithme suit avec succès la cible, au début de la séquence, mais comme la taille de la cible diminue, il échoue dans le suivi si δ est haut. Ce résultat peut être expliqué par la discussion précédente sur les valeurs élevées des deux paramètres. Ceci est d'autant plus vrai que lorsque la variable ξ augmente à 0.7 (Figure 6.4), l'algorithme échoue plus rapidement.

Tableau 6.3 : Analyse de Performance de l'algorithme NSFM sur la séquence Road.

| | | Plage maximale de déplacement δ* | | | | | | | | | | | | | | | | | | |
| | | 0.1 | | | | 0.3 | | | | 0.5 | | | | 0.7 | | | | 0.9 | | | |
		min	max	mean	p	min	max	mean	p	min	max	mean	p	min	max	mean	p	min	max	mean	p
0.1	σ	0.45	101	67.9	0.999	0.58	101	68.1	1.0	0.45	101	68.3	1.0	0.8	101	67.9	1.0	0.58	101	68.0	1.0
	ρ	0				0				0				0				0			
	t	0.11				0.12				0.13				0.14				0.15			
0.3	σ	0.1	2.8	1.1	1.0	0.1	101	61.1	0	0.1	1.8	0.87	1.0	0.1	2.27	0.86	1.0	0.1	16.2	1.83	0
	ρ	100				0				100				100				60			
	t	0.13				0.13				0.17				0.19				0.21			
0.5	σ	0.1	2.64	1.1	1.0	0.1	2.14	0.85	1.0	0.1	2.14	0.85	1.0	0.16	31.2	8.8	0.999	0.16	47.1	18.5	0
	ρ	100				100				100				0				0			
	t	0.15				0.19				0.23				0.33				0.48			
0.7	σ	0.1	2.62	1.1	1.0	0.1	2.1	0.83	0.999	0.1	2.1	0.84	1.0	0.47	72.3	45.2	0.532	0.1	75.1	46.1	1.0
	ρ	100				100				100				0				0			
	t	0.17				0.24				0.3				1.16				1.16			
0.9	σ	0.1	2.62	1.1	1.0	0.1	1.91	0.82	1.0	0.1	90.5	56.5	0	0.7	92.2	57.8	0	0.53	92.2	57.3	0
	ρ	100				100				0				0				0			
	t	0.2				0.2				1.34				1.92				2.41			

Taille de la fenêtre de recherche ξ*

* Voir le Tableau 6.2 pour la définition des variables.

Une autre représentation des résultats du NSFM sur la séquence Road peut être faite sous la forme de diagrammes en boîte à moustaches (Figure 6.7), chaque boîte correspondant à un test. Les diagrammes en boîte fournissent une visualisation concise de la distribution des différentes expériences, avec différentes combinaisons de paramètres. La ligne rouge centrale dans chaque boîte marque la valeur moyenne et les extrémités de la boîte correspondent à l'écart-type ; les moustaches, ici, mènent aux valeurs minimales et maximales. Le pourcentage de convergence peut alors être facilement calculé à partir des diagrammes en boîte et des courbes de performance ; par exemple, si ξ=0.3 et δ=0.9, les diagrammes en boîte aussi bien que la Figure 6.5 montrent que le pourcentage de convergence est d'environ 60% puisque quatre essais sur dix échouent.

La combinaison de paramètres permettant d'obtenir le meilleur résultat de suivi – mis en évidence dans le Tableau – pour cette séquence avec le NSFM est ξ=0.9 et δ=0.3 : cette combinaison est choisie puisqu'elle fournit le meilleur pourcentage de convergence (100%) et la moyenne minimale d'erreur de suivi.

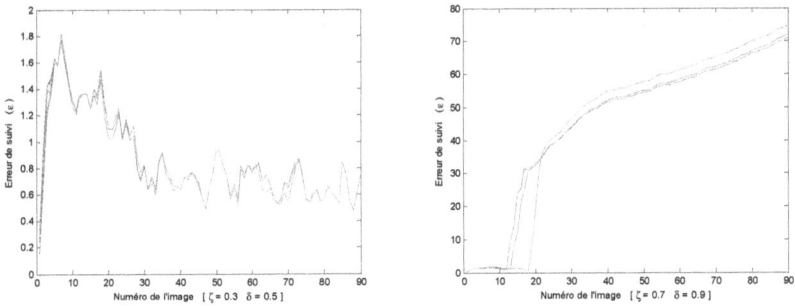

Figure 6.4 : Courbes de performance de l'algorithme NSFM avec la séquence Road.

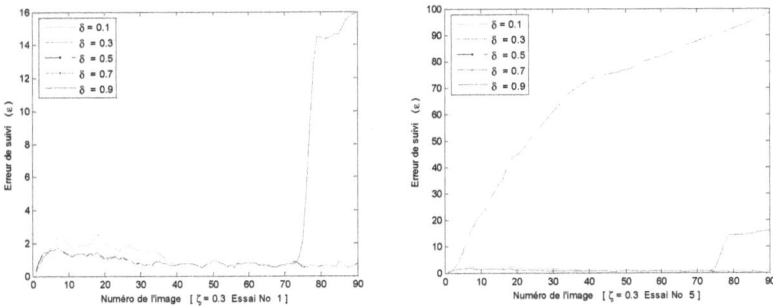

Figure 6.5 : Courbes de performance de l'algorithme NSFM avec la séquence Road.

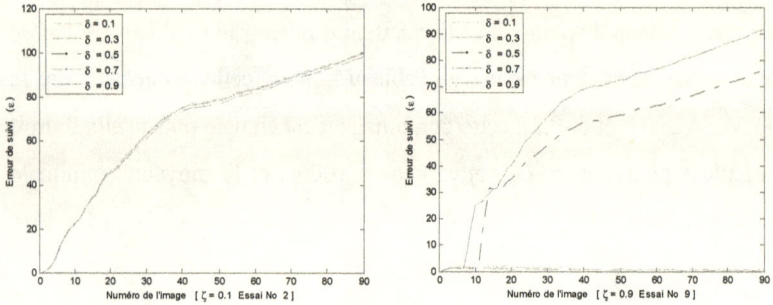

Figure 6.6 : Courbes de performance de l'algorithme NSFM avec la séquence Road.

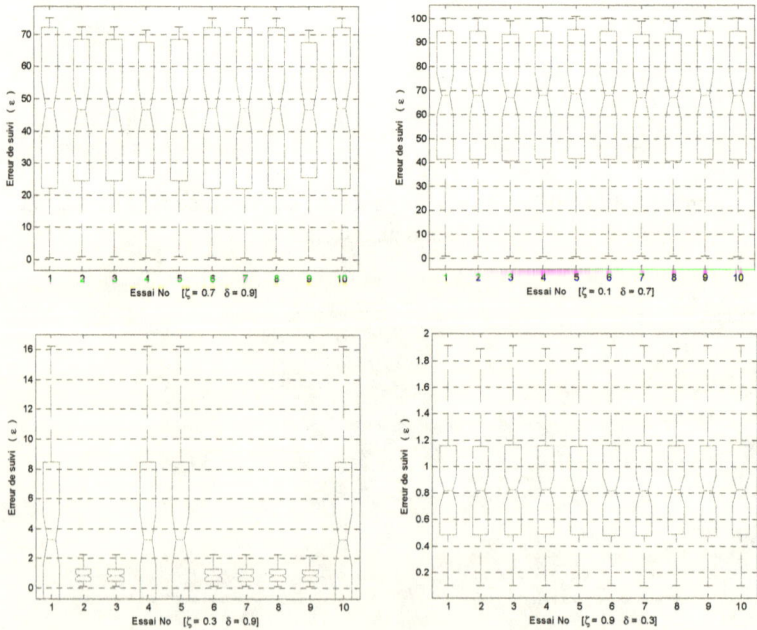

Figure 6.7 : Diagrammes en boîte de l'algorithme NSFM avec la séquence Road.

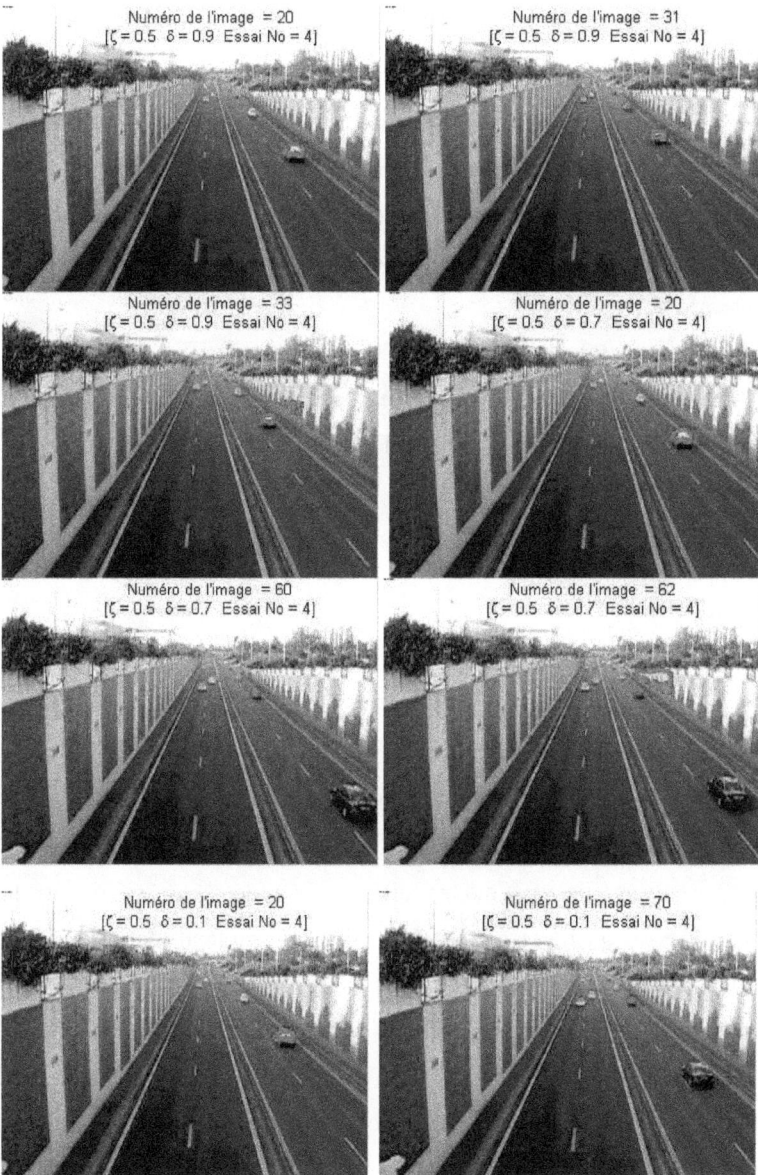

Figure 6.8 : Exemples de suivi de véhicule avec le NSFM dans la séquence Road.

6.3.2 - Séquence HC1

L'analyse de performance de la technique NSFM sur la séquence HC1 est donnée dans l'annexe A.1. Les résultats montrent que le NSFM suit la cible pour toutes les combinaisons de paramètres. Les courbes de performance et les diagrammes en boîte exposés dans les figures A.1, A.2 et A.3 valident ce résultat. Un exemple du suivi de cette séquence est presenté dans la Figure A.4.

Nous pouvons constater dans le Tableau A.1 que le temps de calcul est plus important lorsque les valeurs des deux paramètres augmentent. Le résultat montré dans l'exemple de la Figure A.4 explique l'erreur de suivi près de l'image n°200 qui provient des pales de l'hélicoptère. La combinaison de paramètres optimale est ξ=0.1 et δ=0.1.

6.3.3 - Séquence OC1

Les résultats d'évaluation de cette séquence sont présentés dans le Tableau 6.4 : l'algorithme échoue dans le suivi de la cible pour toutes les combinaisons de paramètres.

Deux raisons principales peuvent être argumentées : la première est la complexité de la cible qui est constituée de plusieurs régions, chacune ayant un niveau de gris moyen différent. La deuxième raison est la similarité entre quelques parties de la cible et du fond, ce qui rend la distinction difficile pour cet algorithme.

Quelques exemples de courbes de performance et de diagrammes en boîte sont montrés dans la Figure 6.9. Ils indiquent que dans tous les cas, la performance de l'algorithme se dégrade dès le début de la séquence. Ceci d'autant plus vrai que la p-valeur est élevée dans le Tableau, ce qui signifie que les résultats des tests sont comparables. Deux exemples d'échec de suivi sont présentés dans la Figure 6.10 : de nombreux pixels du mur du bâtiment ont des niveaux de gris semblables à ceux de la cible. Ainsi, sans connaissance a priori, l'algorithme est incapable de distinguer la cible du fond et ajoute progressivement des pixels erronés à l'objet à suivre.

Bien qu'aucune combinaison des deux paramètres permette un suivi correct, la combinaison ξ=0.1 et δ=0.3 est choisie comme étant la meilleure.

6.3.4 - Séquence OC2

Comme avec la séquence OC1, l'algorithme NSFM échoue dans le suivi du piéton dans la séquence OC2. Les mêmes raisons s'appliquent ici : la complexité de la cible et la similarité de niveaux gris entre la cible et le fond. L'Annexe A.2 résume l'analyse de performance de cette séquence. Quelques courbes de performance et diagrammes en boîte sont montrés à la Figure A.5. Les exemples de la Figure A.6 présentent l'effet de l'augmentation des valeurs des deux paramètres dans l'erreur de suivi ; si leurs valeurs sont plus élevées, l'erreur est plus grande, et une région plus grande du fond - qui a des niveaux de gris semblables à la cible - est considérée comme une partie de la cible. Le meilleur choix de paramètres pour obtenir l'erreur minimale est ξ=0.5 et δ=0.3.

Tableau 6.4 : Analyse de performance de l'algorithme NSFM avec la séquence OC1.

| | | Plage maximale de déplacement δ* | | | | | | | | | | | | | | | | | | |
| | | 0.1 | | | | 0.3 | | | | 0.5 | | | | 0.7 | | | | 0.9 | | | |
ξ		min	max	mean	p	min	max	mean	p	min	max	mean	p	min	max	mean	p	min	max	mean	p
0.1	σ	9.16	430	186	0.652	9.6	430	183	0.962	9.2	430	188	0.571	12.3	430	186	0.579	9.3	430	187	0.707
	p	0				0				0				0				0			
	t	1.24				1.25				1.25				1.15				1.51			
0.3	σ	4.37	398	197	1.0	5.99	430	192	0.696	4.6	397	197	1.0	5.07	398	197	1.0	4.71	397	197	1.0
	p	0				0				0				0				0			
	t	8.78				2.13				9.02				9.06				9.28			
0.5	σ	4.3	396	193	1.0	4.1	394	193	1.0	4.6	396	194	1.0	4.3	393	193	1.0	4.4	393	193	1.0
	p	0				0				0				0				0			
	t	20.6				22.7				21.3				23.12				23.09			
0.7	σ	4.5	397	197	1.0	4.6	397	197	1.0	4.6	397	197	1.0	4.5	397	197	1.0	4.5	397	197	1.0
	p	0				0				0				0				0			
	t	44.9				46.1				41.3				41.8				42.3			
0.9	σ	6.1	397	197	1.0	6.3	397	197	1.0	6.1	397	197	1.0	6.1	397	197	1.0	6.1	397	197	1.0
	p	0				0				0				0				0			
	t	72.4				76.0				73.1				70.3				73.6			

(Taille de la fenêtre de recherche ξ)

* Voir le Tableau 6.2 pour la définition des variables.

6.3.5 - Séquence Univ

L'analyse de performance de l'algorithme de NSFM avec la séquence Univ indique que le suivi de cible échoue dans cette séquence (annexe A.3). Comme avec les séquences OC1 et OC2, la complexité de la cible et la similarité entre la cible et le fond sont les causes principales de l'échec. Quelques courbes de performance et diagrammes en boîte sont montrés à la Figure A.6, ainsi que quelques exemples de résultats superposés aux images originales à la Figure A.7. La meilleure combinaison choisie est $\xi=0.5$ et $\delta=0.9$, basés sur l'erreur minimale de suivi.

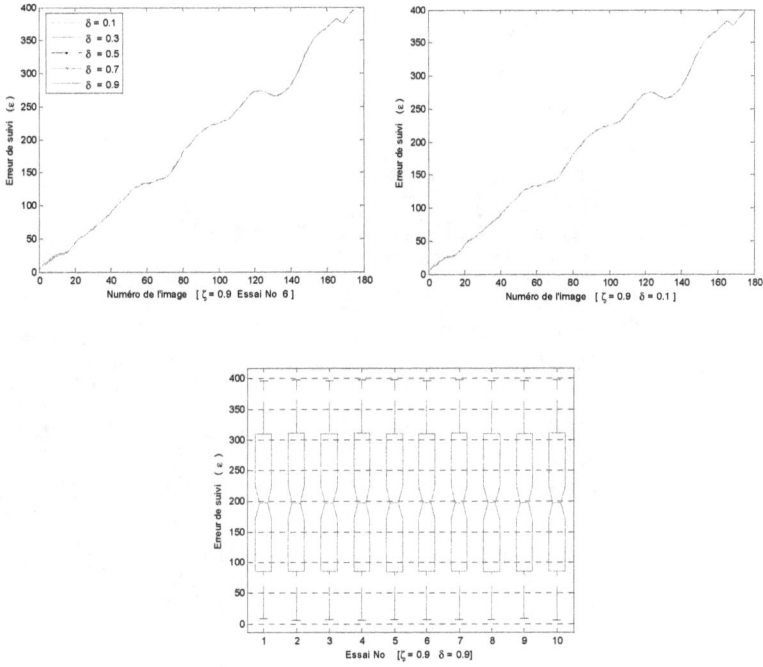

Figure 6.9 : Exemples de courbes de performance et de diagrammes en boîte de l'algorithme NSFM avec la séquence OC1.

Figure 6.10 : Deux exemples d'échec de suivi de l'algorithme NSFM avec la séquence OC1.

6.4 – L'approche FP

Pour la technique de FP, les principaux paramètres qui affectent le résultat de suivi sont : le nombre de particules Np correspondant à un pourcentage de la taille de l'objet, et la taille de la distribution des particules Pd qui peut être considérée comme la fenêtre de recherche.

Habituellement, employer un grand nombre de particules produit un bon résultat, mais au détriment du temps de calcul : il faut donc trouver un compromis entre le nombre de particules et le temps de calcul. Concernant le nombre de particules, nous considérons les pourcentages suivants pendant nos tests : 1, 5, 10 et 20 pourcents de la taille de la cible.

Pour étudier la variation du résultat de suivi de l'algorithme FP avec la taille de la distribution des particules, nous considérons les valeurs 0.1, 0.3 et 0.5. Quand Pd=0.1, la position aléatoire des particules se fait dans une zone plus grande de ±10% à la taille de la cible suivant les axes horizontal et vertical. Le Tableau 6.5 présente une synthèse des symboles utilisés avec cette technique.

L'algorithme FP a été appliqué 10 fois avec toutes les combinaisons des deux paramètres, pour toutes les séquences de test. L'objectif, comme précédemment, est de trouver la combinaison de paramètres permettant d'obtenir le meilleur résultat de suivi. 120 expériences ont donc été réalisées pour chaque séquence ; seuls les résultats significatifs sont présentés. Dans les sous-sections suivantes, les résultats sont exposés pour chaque séquence de test.

Tableau 6.5 : Symboles utilisés avec la technique FP.

Symbole	Signification du symbole	Valeurs considérées
Np	Nombre de particules	1, 5, 10, 20
Pd	Taille de la distribution des particules	0.1, 0.3, 0.5

6.4.1 - Séquence Road

Le Tableau 6.6 présente l'analyse de performance de l'algorithme FP avec la séquence Road. Ce Tableau comprend l'analyse statistique de l'erreur de suivi (minimale, maximale, moyenne et la p-valeur), le pourcentage de convergence et le temps de calcul en secondes pour toutes les combinaisons des deux paramètres Np et Pd.

Le premier point qui peut être observé est l'échec de suivi de la cible pour toutes les combinaisons. La principale cause résulte du fait que la taille de la cible diminue au fur et à mesure jusqu'à la fin de la séquence.

Dans la Figure 6.11, le paramètre Np est fixé à 10 et la comparaison entre les 10 tests est donnée pour chaque valeur de Pd. Cette Figure démontre bien que lorsque Pd est plus grand, la fenêtre de recherche est plus grande et l'algorithme trouve de plus en plus d'information de cible dans le fond. Quand Pd vaut 0.5, l'algorithme perd la cible aux alentours de l'image 10, alors que quand Pd vaut 0.3, l'échec se produit vers l'image 20. Finalement, quand Pd=0.1, nous obtenons le meilleur résultat de suivi puisque l'algorithme arrive à suivre la cible jusqu'à l'image 30.

Tableau 6.6 : Analyse de performance de l'algorithme FP avec la séquence Road.

			Nombre de particules Np*															
			1				5				10				20			
			min	max	mean	p	min	max	mean	p	min	max	mean	p	min	max	mean	p
	0.1	ε	0	138	60	0	0	55	16.2	0.360	0	43	16	0.022	0	105	31	0
		ρ	0				0				0				0			
		t	0.19				0.59				0.63				0.77			
Distribution des particules Pd*	0.3	ε	0	113	57	0	0	75	25	0	0	66	27	0	0	66	29	0
		ρ	0				0				0				0			
		t	0.2				0.59				0.63				0.66			
	0.5	ε	1	235	85	0	0	164	45	0	0	78	32	0	0	66	29	0
		ρ	0				0				0				0			
		t	0.07				0.61				0.92				0.83			

* Voir le Tableau 6.5 pour la définition des variables.

La Figure 6.12 montre une comparaison entre les erreurs de suivi avec différentes valeurs de Pd et Np fixé ; les exemples illustrent la même conclusion, c'est-à-dire un faible Pd donne le meilleur résultat pour cette séquence. Les diagrammes en boîte de la Figure 6.13 présentent la variation de l'erreur de suivi pendant quelques tests : ils confirment totalement la conclusion précédente, indiquant également que plus le nombre de particules est grand, meilleur est le résultat de suivi. Des exemples de résultat superposés aux images originales sont donnés à la Figure 6.14. La combinaison qui fournit le meilleur résultat est Pd=0.1 et Np=10 avec l'erreur minimale de suivi.

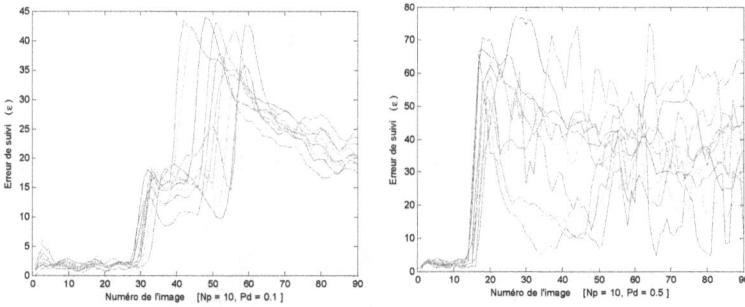

Figure 6.11 : Comparaisons de l'erreur de suivi de l'algorithme FP sur la séquence Road, avec Np fixe.

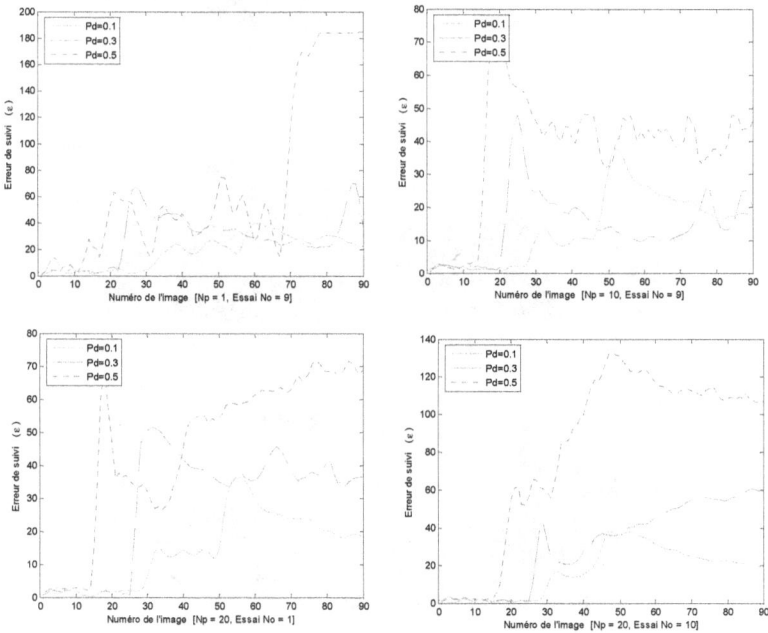

Figure 6.12 : Comparaison entre les erreurs de suivi de l'algorithme FP sur la séquence Road.

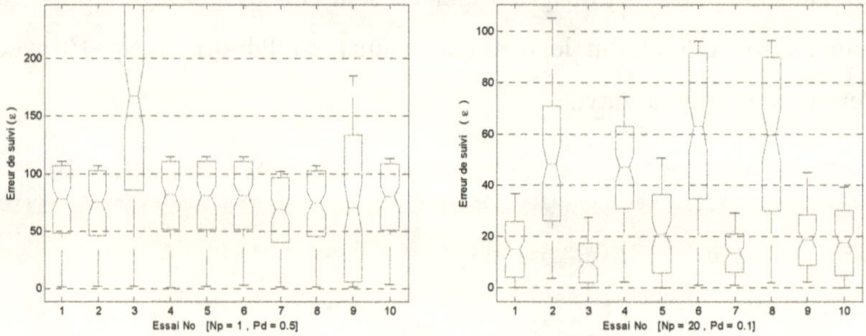

Figure 6.13 : Diagrammes en boîte de l'algorithme FP avec la séquence Road.

Image=31 Np=10 Pd=0.1   Image=35 Np=10 Pd=0.3

Image=17 Np=10 Pd=0.3   Image=24 Np=10 Pd=0.3

Image=12 Np=10 Pd=0.5   Image=17 Np=10 Pd=0.5

Figure 6.14: Résultats du suivi de la voiture dans la séquence Road avec l'algorithme PF.

6.4.2 - Séquence HC1

Les résultats du suivi de la cible dans la séquence HC1 sont présentés dans le Tableau 6.7. Le FP suit facilement l'hélicoptère avec toutes les combinaisons de paramètres ($\rho=100$). En effet, la cible se distingue bien du fond et les résultats sont presque identiques pour toutes les combinaisons. Quelques courbes de performance et diagrammes en boîte sont montrés à la Figure 6.15. A partir du Tableau, le résultat optimal est obtenu avec l'erreur moyenne ε et le temps de calcul t les plus faibles, c.-à-d. quand Np=1 et Pd=0.1. Nous notons l'erreur la plus élevée aux environs de l'image 108, quand la cible change de forme.

Tableau 6.7 : Analyse de performance de l'algorithme FP avec la séquence HC1 avec toutes les combinaisons des deux paramètres Np et Pd.

			Nombre de particules Np[*]														
			1				5				10				20			
		ε	min	max	mean	p	min	max	mean	p	min	max	mean	p	min	max	mean	p
	0.1		0	43.0	9.28	0.208	0	34.1	9.67	0.282	0	26.0	9.08	0.685	0	26.0	9.18	0.684
		ρ	100				100				100				100			
		t	0.65				0.65				1.52				2.37			
Distribution des particules Pd[*]	0.3	ε	min	max	mean	p	min	max	mean	p	min	max	mean	p	min	max	mean	p
			0	34.1	9.67	0.282	0	28.0	8.99	0.969	0	33.1	8.99	0.742	0	28.1	8.92	0.941
		ρ	100				100				100				100			
		t	0.65				1.04				1.45				2.43			
	0.5	ε	min	max	mean	p	min	max	mean	p	min	max	mean	p	min	max	mean	P
			0	42.6	11.35	0.082	0	31.1	9.27	0.785	0	27.0	8.98	0.857	0	27.1	8.92	0.972
		ρ	100				100				100				100			
		t	0.66				0.95				1.48				2.37			

* Voir le Tableau 6.5 pour la définition des variables.

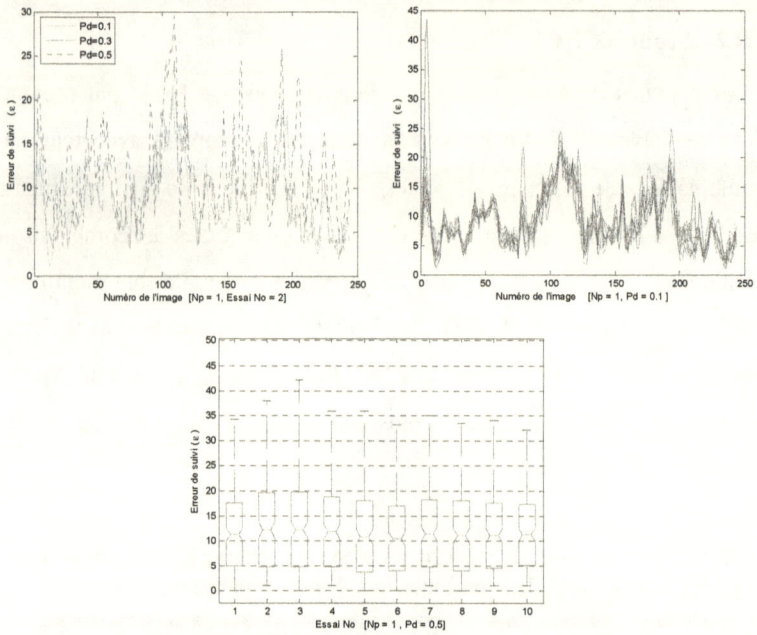

Figure 6.15 : Exemples de courbes de performance et diagrammes en boîte de l'algorithme FP avec la séquence HC1.

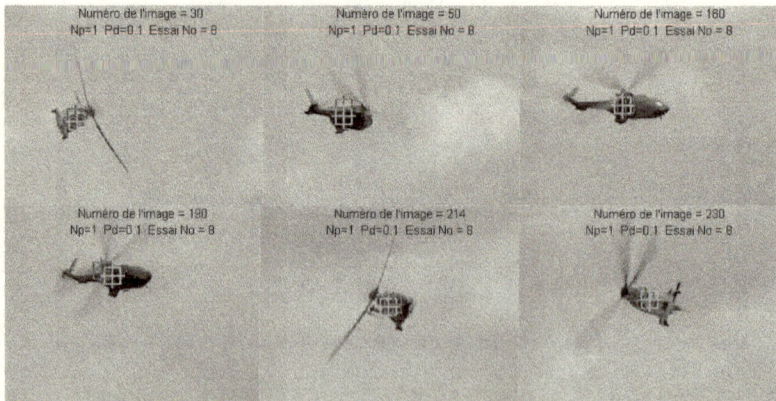

Figure 6.16 : Exemples de suivi de cible avec l'algorithme FP dans la séquence HC1.

6.4.3 - Séquence OC1

Les résultats de cette séquence sont donnés dans l'Annexe B.1. Le Tableau B.1 et les figures B.1 à B.3 prouvent l'échec du FP dans le suivi du piéton dans cette séquence.

Les courbes de performance montrent que l'algorithme échoue lors d'une forte occultation de la cible, vers l'image 70. Dans quelques tests, l'algorithme échoue même au cours de l'occultation de la personne par un cycliste, vers l'image 40.

Cette séquence est assez complexe avec des niveaux gris similaires de pixels entre le piéton et le fond, et quelques occultations difficiles à gérer. Nous notons aussi le coût de calcul plus élevé lorsque le nombre de particules augmente, de 0.88 seconde quand Np=1 et Pd=0.1, à environ 18.3 secondes quand Np=20 et Pd=0.5. La combinaison produisant le meilleur résultat est Pd=0.1 et Np=1 puisque c'est celle qui permet d'obtenir l'erreur minimale de suivi.

6.4.4 - Séquence OC2

Le succès de l'algorithme FP quant au suivi de la cible dans la séquence OC2 dépend des paramètres choisis, comme cela peut être noté dans le Tableau 6.8 et les figures 6.17, 6.18, 6.19 et 6.20. En général, quand Pd=0.3, l'algorithme arrive à suivre la cible, quelque soit la valeur de Np.

Tableau 6.8 : Variation de l'erreur de suivi ε, pourcentage de convergence ρ et temps de calcul de l'algorithme FP pour toutes les combinaisons de Np et Pd avec la séquence OC2.

			Nombre de particules Np*															
			1				5				10				20			
Distribution des particules Pd*	0.1	ε	min	max	mean	ρ	min	max	mean	ρ	min	max	mean	ρ	min	max	mean	ρ
			0	413	59	0	1	331	142	0	0	307	107	0	1	280	43	0
		ρ	70				20				40				70			
		t	0.6				2.15				3.03				2.69			
	0.3	ε	min	max	mean	ρ	min	max	mean	ρ	min	max	mean	ρ	min	max	mean	ρ
			0	52	10	0.932	0	46	10	0.927	0	42	10	0.996	0	43	10	0.992
		ρ	100				100				100				100			
		t	0.65				0.79				0.96				1.16			
	0.5	ε	min	max	mean	ρ	min	max	mean	ρ	min	max	mean	ρ	min	max	mean	P
			0	208	15	0	0	190	13	0	0	242	25	0	0	152	22	0
		ρ	80				90				50				50			
		t	0.64				0.75				1.01				2.02			

* Voir le Tableau 6.5 pour la définition des variables.

Le problème de cette séquence, comme cela peut être constaté dans les figures, se situe près de l'image 64 dans laquelle il y a une occultation de notre cible. La combinaison qui fournit le meilleur résultat est Pd=0.3 et Np=10.

Figure 6.17 : Exemples de courbes de performance de l'algorithme FP avec la séquence OC2.

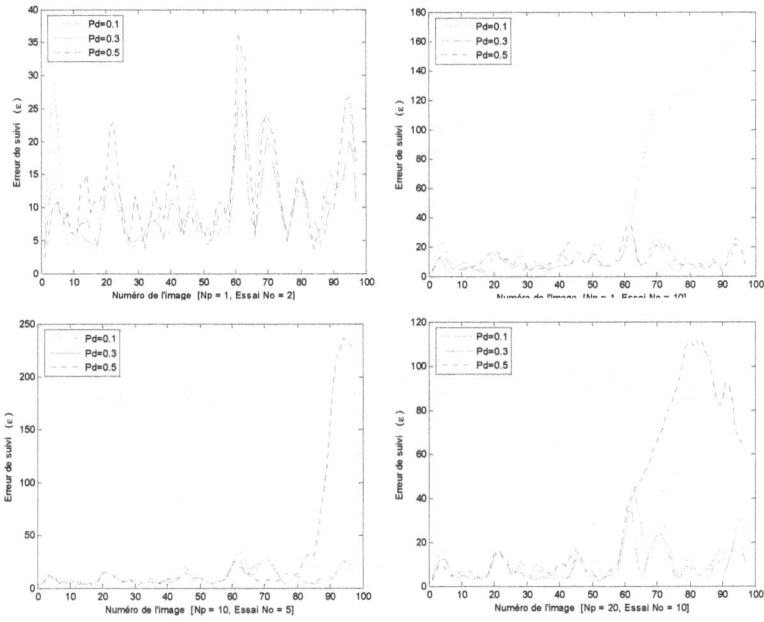

Figure 6.18 : Courbes de performance de l'algorithme FP avec la séquence OC2.

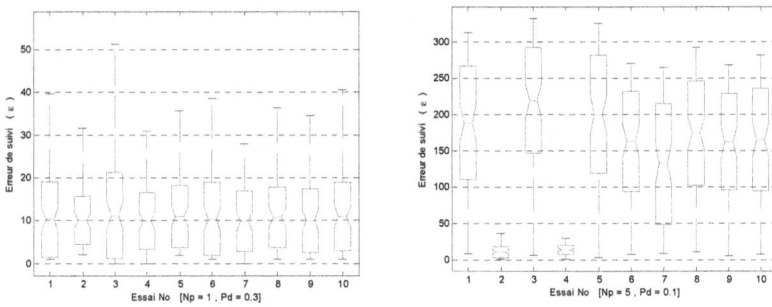

Figure 6.19 : Exemples de diagrammes en boîte de l'algorithme FP avec la séquence OC2.

Figure 6.20 : Résultat du suivi de l'algorithme FP avec la séquence OC2.
Dans la première ligne, l'algorithme échoue dans le suivi de la cible,
alors que dans la deuxième ligne, il arrive à suivre la cible.

6.4.5 - Séquence Univ

Cette séquence est une des plus complexes parmi les séquences de test.
En effet, la cible subit plusieurs occultations difficiles en plus du

mouvement simultané de la cible et de la caméra. Le résultat de l'application du FP sur cette séquence montré dans le Tableau 6.9 illustre la difficulté du suivi de la cible dans cette séquence. Dans quasiment tous les cas, le pourcentage de convergence est nul. L'analyse de la variance dépend de la valeur des deux paramètres. Les courbes de performance dans la Figure 6.21montrent quelques résultats dans lesquels Np est fixé à 20 : nous pouvons constater l'échec du suivi quand Pd=0.1 ou 0.3. Dans le même temps, quand Pd=0.5, l'algorithme suit la cible dans quelques essais.

Tableau 6.9 : Variation de l'erreur de suivi ε, pourcentage de convergence ρ et temps de calcul de l'algorithme FP pour toutes les combinaisons de Np et Pd avec la séquence Univ.

			Nombre de particules Np*															
			1				5				10				20			
			min	max	mean	p	min	max	mean	p	min	max	mean	p	min	max	mean	p
Distribution des particules Pd*	0.1	ε	2	519	136	0	1	241	98	0	0	241	98	0	0	241	98	0
		ρ	0				0				0				0			
		t	0.6				1.51				2.43				11.1			
	0.3	ε	0	311	86	0.981	0	315	84	0.991	1	241	81	0.993	1	240	80	0.575
		ρ	0				0				0				0			
		t	0.67				0.82				0.96				1.45			
	0.5	ε	1	476	76	0	0	278	70	0.572	0	239	48	0	0	229	38	0
		ρ	30				0				20				40			
		t	0.62				1.39				1.35				2.38			

* Voir le Tableau 6.5 pour la définition des variables.

La Figure 6.22 représente une autre vue des résultats ; elle montre les résultats de 10 tests avec Np et Pd fixés : il en ressort qu'il est difficile de définir de manière statistique quelle combinaison de paramètres va nous permettre d'obtenir tout le temps un résultat correct. La Figure 6.23, par contre, représente le même résultat sous un autre angle : elle montre la variation de l'erreur des 10 tests pour quelques cas avec des paramètres fixes. Deux cas de succès et d'échec de suivi peuvent être vus dans les exemples des figures 6.24 et 6.25. La combinaison qui fournit le meilleur résultat est Pd=0.5 et Np=20.

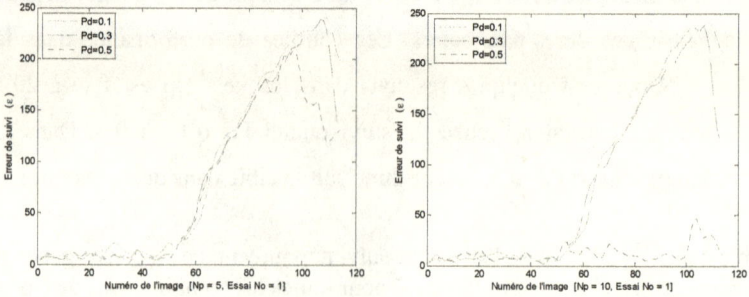

Figure 6.21 : Courbes de performance de l'algorithme FP avec la séquence Univ.

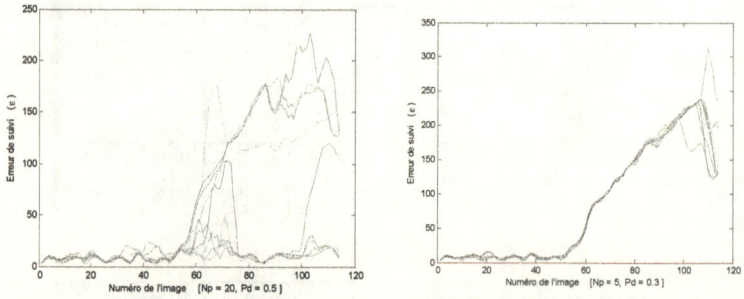

Figure 6.22 : Courbes de performance de l'algorithme FP avec la séquence Univ.

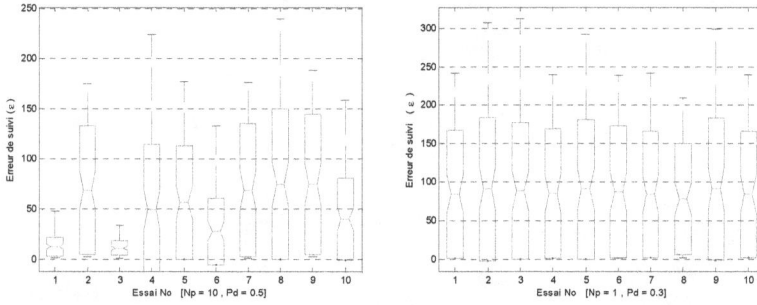

Figure 6.23 : Exemples de diagrammes en boîte de l'algorithme FP avec la séquence Univ.

Figure 6.24 : Succès du suivi de l'algorithme FP sur la séquence Univ.

Figure 6.25 : Echec du suivi de l'algorithme FP sur la séquence Univ.

6.5 – Techniques de CamShift

6.5.1 - Discussion Générale

Plusieurs types de suivi basés sur les techniques de CamShift ont été présentés, selon les dimensions de l'histogramme constituant le modèle de cible : 3D, 2D et 1D. Dans cette section, nous étudions la variation de l'erreur de suivi sur les séquences de test pour ces trois cas. La notation suivante «CamShift 2D» se réfère à la technique de CamShift avec l'histogramme 2D.

Pour chaque technique, quatre paramètres principaux affectent l'erreur de suivi et le pourcentage de convergence ; trois d'entre eux sont liés à la mise à jour du modèle à suivre, le dernier concerne la résolution de l'histogramme.

Le premier paramètre est le seuil ω à partir duquel nous appliquons la mise à jour. Idéalement, l'image de probabilité est binaire ; sa valeur est à 1 pour n'importe quel pixel considéré comme un pixel appartenant à l'objet et 0 dans le cas contraire. Pratiquement, l'image de probabilité est une image en niveaux de gris ; quand la probabilité de n'importe quel pixel d'appartenir à la cible augmente, la valeur correspondante de l'image de probabilité croît. La valeur moyenne de l'image de probabilité monte donc quand la probabilité de trouver la cible est plus importante. Ce seuil permet de contrôler la valeur de la probabilité moyenne de présence de l'objet dans l'image à partir de laquelle la mise à jour du modèle est effectuée.

Les seuils suivants de ω sont considérés : 0.1, 0.5 et 0.9, où chaque valeur représente le rapport entre la moyenne calculée de la nouvelle image de probabilité et la moyenne de l'image de probabilité du modèle de la cible. Quand la valeur de ω vaut 0.1, cela signifie que nous appliquons la mise à jour du modèle de la cible, c'est-à-dire le modèle d'histogramme, la taille du modèle et la moyenne de l'image de probabilité, environ à chaque image.

En fait, comme ce seuil est très bas, même si la probabilité de trouver la cible est faible, la moyenne de l'image de probabilité est plus grande de 10 pourcents à la moyenne de l'image de probabilité du modèle. Cette situation est appropriée dans les cas où il n'y a aucun changement de la cible pendant la séquence : la mise à jour est appliquée approximativement à chaque nouvelle image et le risque de considérer n'importe quelle partie du fond dans le modèle de cible est faible. Par contre, si le seuil augmente, la mise à jour du modèle de la cible est appliquée seulement pour les cas où la nouvelle image de probabilité est similaire à l'image du modèle. Ce cas est approprié à la gestion des occultations pour lesquelles cette condition n'est pas satisfaite et ainsi le modèle n'est pas mis à jour.

Le deuxième paramètre est la plage de variation de la taille de l'objet β par rapport à la taille de l'objet dans l'image précédente. Nous considérons ici les valeurs 0.1, 0.5, et 0.9. Quand cette valeur est faible, la plage de variation admise est très petite, ce qui convient quand la taille de l'objet ne change pas beaucoup. Quand cette valeur passe à 0.9, la plage admise de variation est alors très grande, ce qui est adapté à des changements considérables de la taille de l'objet suivi entre deux images successives.

Pour prendre en compte le changement de la cible au fil du temps, il faut mettre à jour le modèle d'histogramme correspondant à notre modèle de cible. Dans la section 5.4, le nouveau modèle d'histogramme correspondait au modèle d'histogramme dans la fenêtre courante pondérée par des coefficients dépendant du modèle d'histogramme dans l'image précédente (équation 5.12). Dans le but d'améliorer cette phase de mise à jour de notre modèle d'histogramme, nous considérons la relation suivante :

$$H = \alpha \, Hp + (1 - \alpha) \, Hc \qquad (6.1)$$

où H est le nouveau modèle d'histogramme, Hp est le modèle d'histogramme précédent, Hc est le modèle d'histogramme dans l'image courante et α est le troisième paramètre indiquant le pourcentage du modèle d'histogramme précédent utilisé pour générer le nouveau modèle d'histogramme. Les valeurs suivantes sont traitées : 0.1, 0.5 et 0.9. Quand α vaut 0.1, le pourcentage du modèle d'histogramme précédent dans le nouveau modèle est de 10%, les 90% restants correspondant au poids de l'histogramme calculé à partir de la fenêtre de recherche courante. Ce cas convient quand il n'y a aucune occultation et quand l'histogramme de l'objet à suivre change largement d'une image à la suivante. Par contre, si α vaut 0.9, le nouveau modèle d'histogramme dépend principalement du précédent ; cette valeur est adaptée aux cas difficiles, par exemple quand il y a des occultations de la cible.

Le Tableau 6.10 présente une synthèse des trois principaux paramètres utilisés avec la technique de CamShift.

Tableau 6.10 : Symboles utilisés avec la technique CamShift.

Symbole	Signification du symbole	Valeurs considérées
ω	Seuil l'image de probabilité à partir duquel nous appliquons la mise à jour.	0.1, 0.5, 0.9
β	Plage de variation de la taille de l'objet dans l'image courante par rapport à la taille de l'objet dans l'image précédente	0.1, 0.5, 0.9
α	Pourcentage du modèle d'histogramme précédent utilisé pour générer le nouveau modèle d'histogramme.	0.1, 0.5, 0.9

Le quatrième paramètre est la résolution d'histogramme. La résolution maximale d'histogramme est de 256 niveaux et la résolution pratique minimale est de 4. La prochaine section traite le problème de l'efficacité du suivi par rapport à la résolution d'histogramme utilisée.

Pour toutes les combinaisons de paramètres, les tests sont répétés 10 fois : 270 expériences ont donc été réalisées sur chaque séquence. Les résultats, dans chaque cas, sont employés pour analyser l'erreur de suivi et pour calculer le pourcentage de convergence sur chaque séquence.

6.5.2 - Efficacité du Suivi et Résolution d'Histogramme

A partir des tests, il a été établi que le résultat de suivi dépend de la résolution choisie de l'histogramme qui est utilisé dans la construction du modèle de la cible. Pour comparer les résultats de suivi entre les différentes approches et sur toutes les séquences de test, nous avons décidé de considérer les tests en utilisant une résolution d'histogramme fixée. Le choix de cette résolution est basé sur des essais qualitatifs et quantitatifs.

L'examen qualitatif est établi sur l'image de probabilité résultante. Des exemples d'image de probabilité à partir de la séquence OC1 avec les niveaux de résolution 4, 32 et 256 et en employant le CamShift 3D sont montrés à la Figure 6.26.

Il peut être facilement noté que lorsque la résolution d'histogramme est très basse, seuls quelques niveaux de classifications de pixel existent : dans ce cas, il y a des probabilités plus élevées de considérer tous les pixels, même ceux qui sont loin du niveau de gris de la cible, comme pixels de cible. L'image de probabilité résultante prouve qu'il est très difficile de distinguer la cible du fond, comme cela peut être constaté dans la deuxième colonne.

Par contre, quand la résolution d'histogramme est haute, il y a beaucoup de niveaux de classification qui impliquent que l'image de probabilité est très précise : seuls les pixels dont le niveau correspond aux niveaux corrects de la cible sont considérés comme pixels de cible. Le problème est ici qu'en cas de changements d'éclairage, ce qui est typique dans les séquences d'images réelles, la probabilité de considérer beaucoup de pixels de cible comme des pixels du fond est plus élevée, comme illustré dans la quatrième colonne. Si nous considérons un niveau intermédiaire (troisième colonne), le résultat est alors meilleur que dans les autres cas : nous considérons seulement les pixels dont le niveau est proche des niveaux de gris de la cible comme pixels de cible. L'image de probabilité n'est donc pas parfaite mais la représentation de la cible est généralement supérieure, et en conséquence nous nous attendons à ce qu'elle nous permette d'obtenir un meilleur résultat de suivi qu'avec la basse ou haute résolution.

La raison quantitative est basée sur l'analyse des résultats de suivi à différentes résolutions (Tableau 6.11). Seules les variations d'erreur de suivi pour deux séquences assez complexes, OC1 et OC2, sont montrées ici. Les autres paramètres sont fixés à β=0.5, ω=0.1 et α=0.5, ce qui permet, on le verra par la suite, d'obtenir de bons résultats avec tous les niveaux de résolution. En général, les résultats de suivi sur les autres séquences et avec d'autres combinaisons de paramètres confirment les mêmes conclusions.

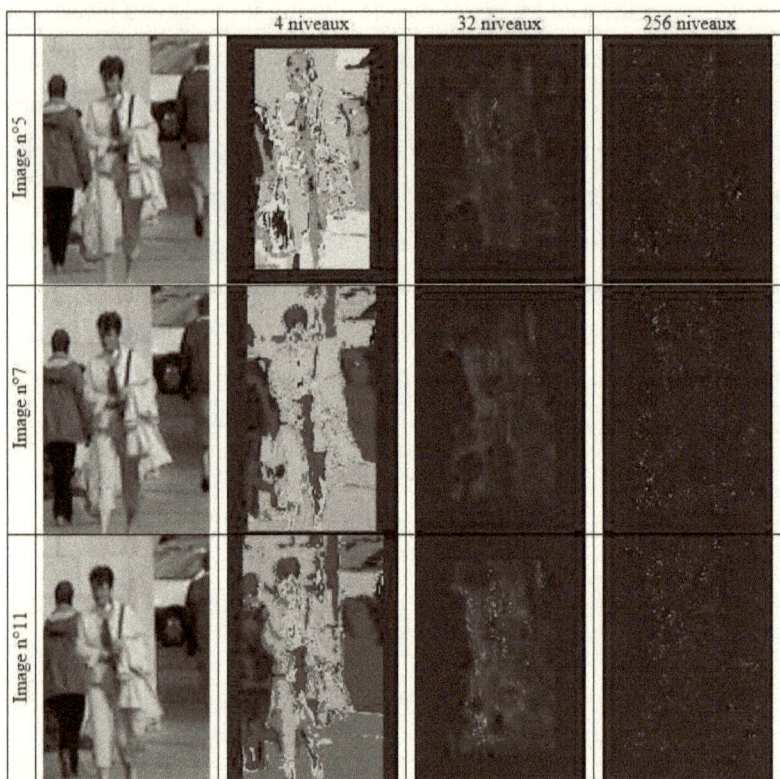

Figure 6.26 : Exemples d'images de probabilité sur la séquence OC1 avec différentes résolutions d'histogramme.

La première conclusion, à partir du, est que la résolution d'histogramme la plus faible donne les plus mauvais résultats de suivi. La seconde est que les coûts de calcul sont supérieurs quand la résolution d'histogramme est haute, particulièrement pour les cas 3D.

Tableau 6.11 : Erreur de suivi avec différentes résolutions d'histogramme
(β=0.5, ω=0.1, α=0.5)[*].

			Séquence de test et technique de suivi														
			OC1 2D				OC2 2D				OC1 3D				OC2 3D			
Résolution d'histogramme	4	ε	min	max	mean	p	min	max	mean	p	min	max	mean	p	min	max	mean	p
			5.3	413	201	0.908	1.34	267	127	0.155	9.2	510	228	1	1.23	271	127	0.274
		ρ	0				0				0				0			
		t	1.179				1.184				1.76				1.39			
	8	ε	min	max	mean	p	min	max	mean	p	min	max	mean	p	min	max	mean	p
			0.04	462	43	0	1.38	155	59	0.999	1.4	510	64	0	0.93	162	68	0.999
		ρ	100				0				80				0			
		t	1.174				1.179				1.36				1.46			
	16	ε	min	max	mean	p	min	max	mean	p	min	max	mean	p	min	max	mean	P
			0.61	74	19	0.944	0.89	117	38	0.457	1.2	60	17	0.999	0.91	126	46	0.999
		ρ	100				100				100				0			
		t	1.149				1.58				1.22				1.38			
	32	ε	min	max	mean	p	min	max	mean	p	min	max	mean	p	min	max	mean	P
			0.42	77	15	0	0.33	62	14	0.001	0.19	61	16	0.626	0.55	94	24	0
		ρ	100				100				100				100			
		t	1.148				1.156				1.25				1.29			
	64	ε	min	max	mean	p	min	max	mean	p	min	max	mean	p	min	max	mean	P
			0.18	84	18	0	0.49	36.6	11	0.575	0.94	65	18	0.174	0.27	59	18	0
		ρ	100				100				100				100			
		t	1.146				1.156				1.36				1.36			
	128	ε	min	max	mean	p	min	max	mean	p	min	max	mean	p	min	max	mean	P
			1.22	98	29	0	0.23	26	9.2	0.344	0.43	94	27	0.616	0.42	90	38	0.001
		ρ	100				100				100				0			
		t	1.159				1.168				2.14				2.22			
	256	ε	min	max	mean	p	min	max	mean	p	min	max	mean	p	min	max	mean	P
			2.87	121	45	0.177	0.58	21.7	8	0.107	0.9	285	76	0	4.3	143	62	0
		ρ	100				100				0				0			
		t	1.179				1.184				10.06				8.6			

* Voir le Tableau 6.10 pour la définition des variables.

Les courbes de performance et les diagrammes en boîte pour quelques tests sur les deux séquences OC1 et OC2 avec le CamShift 2D et 3D sont fournis dans l'annexe C. La conclusion qui découle du Tableau 6.11, des courbes de performance et des diagrammes en boîte, est que la résolution d'histogramme la plus favorable se situe aux valeurs intermédiaires, soit la résolution 32 ou 64 puisque ces deux résolutions donnent l'erreur de suivi minimale, le pourcentage de convergence le plus élevé et le temps de calcul minimal.

Dans cette section, les différents résultats et conclusions expliquent notre choix d'utiliser, dans la suite de notre travail, la résolution de 32 niveaux de gris pour faire les comparaisons entre les résultats de suivi avec les différentes dimensions d'histogramme : 3D, 2D et 1D.

6.6 - CamShift 3D

6.6.1 - Séquence Road

Dans cette section, nous considérons la variation des résultats de suivi dans la séquence Road avec le CamShift 3D : les trois canaux de couleur sont considérés ici.

Les résultats des tests présentés dans le Tableau 6.12 et les courbes de performance dans les figures 6.27, 6.28 et 6.29 indiquent que le suivi de cible échoue à la fin de la séquence. Les courbes de performance de la Figure 6.27 prouvent que l'algorithme suit la cible au début de la séquence, mais il échoue lorsque la taille de la cible diminue, le numéro de l'image dépendant du choix des paramètres. En fait, les mêmes raisons indiquées précédemment sont valides ici. Dans la Figure 6.30, deux exemples d'échec du CamShift avec la séquence Road avec différents paramètres sont présentés. Le meilleur résultat de suivi est obtenu avec la combinaison de paramètres $\beta=0.1$, $\omega=0.1$ et $\alpha=0.1$.

Tableau 6.12 : Variation de l'erreur de suivi, pourcentage de convergence et temps de calcul pour les différentes combinaisons de paramètres du CamShift 3D avec la séquence Road.

Seuil de mise à jour ω du modèle et plage de variation β de la taille de l'objet*

			Pourcentage α du modèle d'histogramme précédent*											
			0.1				0.5				0.9			
			min	max	mean	p	min	max	mean	p	min	max	mean	p
β = 0.1 ω = 0.1	ε		0.06	117.0	28.8	0	0.02	117.2	30.4	0.002	0.03	117.3	29.1	0
	ρ		0				0				0			
	t		0.28				0.28				0.28			
β = 0.1 ω = 0.5	ε		0.1	117.5	32.3	0.447	0.02	121.3	31.9	0.072	0	118.5	32.9	0.999
	ρ		0				0				0			
	t		0.28				0.27				0.28			
β = 0.1 ω = 0.9	ε		0.39	111.0	30.1	0	0.39	115.8	32.9	0	0.47	115.4	30.4	0
	ρ		0				0				0			
	t		0.26				0.25				0.25			
β = 0.5 ω = 0.1	ε		0.35	114.9	29.0	1.0	0.35	114.9	29.0	1.0	0.35	114.9	29.0	1.0
	ρ		0				0				0			
	t		0.41				0.4				0.41			
β = 0.5 ω = 0.5	ε		0.06	117.8	34.7	0.999	0.05	122.1	34.3	0.999	0.04	122.2	33.9	0.999
	ρ		0				0				0			
	t		0.29				0.29				0.29			
β = 0.5 ω = 0.9	ε		0	121.2	38.9	0.002	0.4	128.8	37.2	0	0.37	123.2	34.3	0
	ρ		0				0				0			
	t		0.29				0.29				0.29			
β = 0.9 ω = 0.1	ε		0.27	116.7	33.2	0.999	0.05	118.6	33.8	0.999	0.04	122.1	32.7	0.934
	ρ		0				0				0			
	t		0.29				0.29				0.28			
β = 0.9 ω = 0.5	ε		0.05	119.9	35.2	0.999	0.07	120.1	34.9	0.999	0.1	121.0	34.9	0.998
	ρ		0				0				0			
	t		0.28				0.29				0.29			
β = 0.9 ω = 0.9	ε		0	129.6	36.1	0	0.39	129.6	37.8	0.003	0.38	121.4	38.6	0.003
	ρ		0				0				0			
	t		0.3				0.3				0.29			

* Voir le Tableau 6.10 pour la définition des variables.

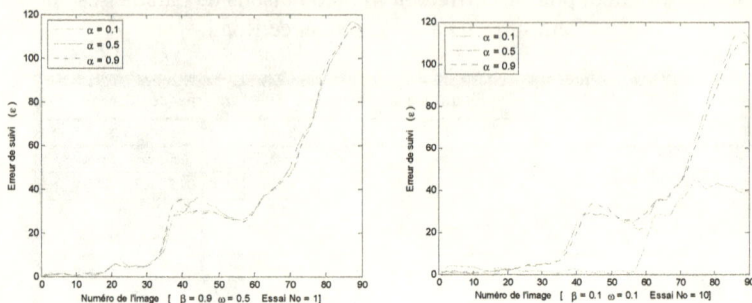

Figure 6.27 : Exemples de courbes de performance de l'algorithme
CamShift 3D avec la séquence Road.

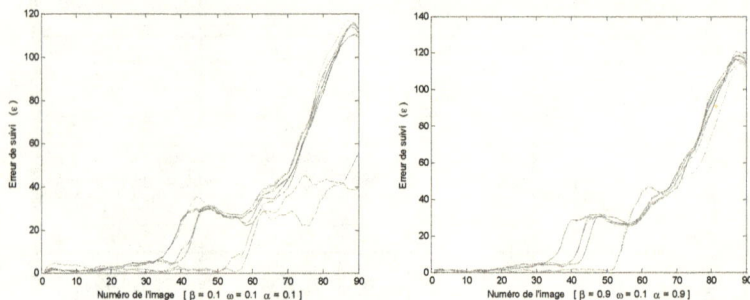

Figure 6.28 : Exemples de courbes de performance de l'algorithme
CamShift 3D avec la séquence Road.

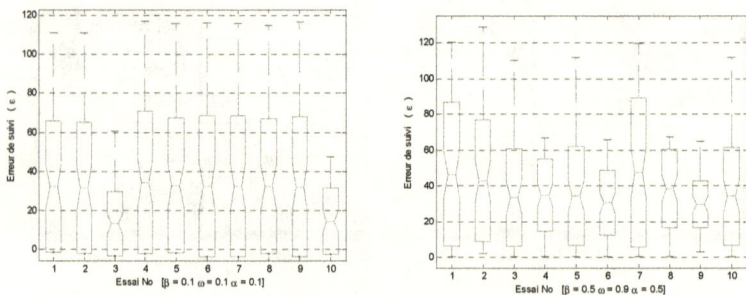

Figure 6.29 : Exemples de diagrammes en boîte de l'algorithme CamShift
3D avec la séquence Road.

Figure 6.30 : Deux exemples illustrant l'échec de suivi de l'algorithme CamShift 3D avec la séquence Road.

6.6.2 - Séquence HC1

Le résultat du suivi de la cible dans HC1 avec le CamShift 3D est donné dans l'Annexe D.1. Le Tableau D.1 et les figures D.1 et D.2 présentent des exemples de courbes de performance et un exemple de réussite dans le suivi.

De ces résultats, nous pouvons noter que l'algorithme suit la cible pour n'importe quelle combinaison des paramètres. Le meilleur résultat de suivi avec cette séquence est obtenu avec la combinaison de paramètres $\beta=0.5$, $\omega=0.1$ et $\alpha=0.5$.

6.6.3 - Séquence OC1

Le résultat du suivi de la cible dans OC1 est exposé dans le Tableau 6.13 et les figures 6.31, 6.32 et 6.33. Le résultat du suivi dépend grandement des paramètres choisis.

A partir du Tableau 6.13 et de la Figure 6.31, il faut constater que lorsque la valeur de ω est importante ($\omega=0.9$), le pourcentage de convergence est nul quelque soit la valeur des autres paramètres β et α. Ceci signifie que si la mise à jour du modèle se limite uniquement aux cas où la moyenne de la nouvelle image de probabilité est grande comparée à la moyenne de l'image de probabilité du modèle, l'algorithme échoue dans le suivi de la cible.

Il peut également être noté, à partir de ces résultats, que la p-valeur est généralement faible (p-valeur$\approx$0) pour presque tous les cas. Cette faible p-valeur indique que la différence entre les moyennes des erreurs lors des tests est significative : les 10 essais ne fournissent pas le même résultat (diagrammes en boîte de la Figure 6.33).

Tableau 6.13 : Variation de l'erreur de suivi, pourcentage de convergence et temps de calcul pour les différentes combinaisons de paramètres du CamShift 3D avec la séquence OC1.

			Pourcentage α du modèle d'histogramme précédent											
			0.1				0.5				0.9			
			min	max	mean	p	min	max	mean	p	min	max	mean	p
	β = 0.1	ε	0.27	62.7	21.7	0	0.27	62.8	23.3	0.008	0.41	62.7	22.3	0
	ω = 0.1	ρ	60				50				50			
		t	0.41				0.43				0.43			
	β = 0.1	ε	2.56	90.6	36.7	0	1.15	88.2	37.0	0	2.83	106.9	36.3	0
	ω = 0.5	ρ	80				80				80			
		t	0.99				0.96				1.01			
	β = 0.1	ε	1.39	481.2	208.3	0	10.5	476.4	209.2	0.369	1.29	458.0	190.1	0
	ω = 0.9	ρ	0				0				0			
		t	1.27				1.32				1.4			
	β = 0.5	ε	0.7	59.2	22.5	0.003	0.13	60.0	22.1	0.003	0.35	61.9	22.2	0.002
	ω = 0.1	ρ	70				100				90			
		t	0.42				0.41				0.42			
	β = 0.5	ε	3.95	156.9	49.6	0	2.25	157.5	48.6	0	2.6	467.7	69.5	0
	ω = 0.5	ρ	40				40				30			
		t	1.32				1.25				1.26			
	β = 0.5	ε	0.13	328.9	122.9	0	3.4	424.4	130.5	0	7.23	333.8	130.4	0
	ω = 0.9	ρ	0				0				0			
		t	2.99				2.82				3.16			
	β = 0.9	ε	0.24	61.9	22.5	0	0.87	62.6	22.9	0.124	0.67	62.1	22.8	0
	ω = 0.1	ρ	100				80				100			
		t	0.43				0.43				0.43			
	β = 0.9	ε	4.01	157.7	49.0	0	3.99	157.5	53.1	0	2.81	156.7	46.3	0
	ω = 0.5	ρ	40				20				50			
		t	1.29				1.37				1.24			
	β = 0.9	ε	6.15	301.3	126.2	0	7.06	415.5	103.5	0	6.75	270.9	113.6	0
	ω = 0.9	ρ	0				0				0			
		t	3.01				2.62				2.98			

Seuil de mise à jour ω du modèle et plage de variation β de la taille de l'objet

* Voir le Tableau 6.10 pour la définition des variables.

Ceci s'explique par la difficulté d'extraire l'image de probabilité de la cible dans les nouvelles images en raison de la complexité de la cible et de sa possible similarité partielle avec le fond.

Le meilleur résultat de suivi pour cette séquence est obtenu avec la combinaison de paramètres β=0.5, ω=0.1 et α=0.5.

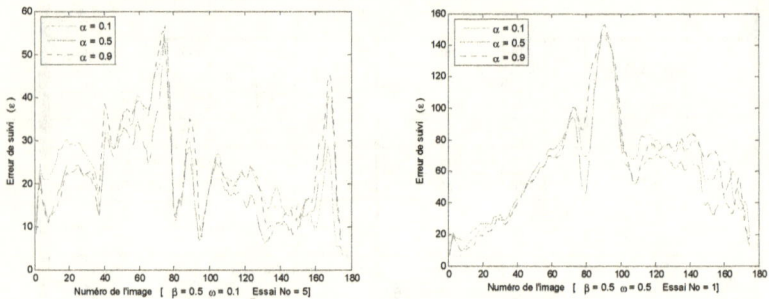

Figure 6.31 : Exemples de courbes de performance de l'algorithme CamShift 3D avec la séquence OC1.

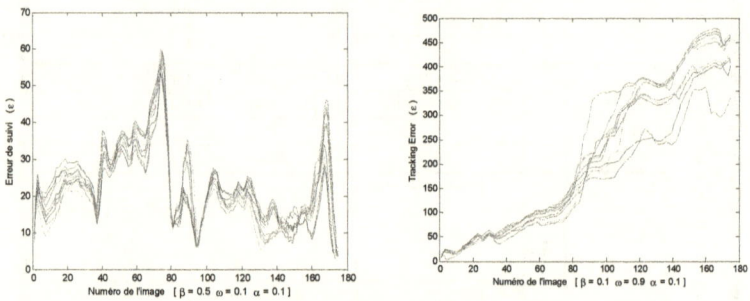

Figure 6.32 : Exemples de courbes de performance de l'algorithme CamShift 3D avec la séquence OC1.

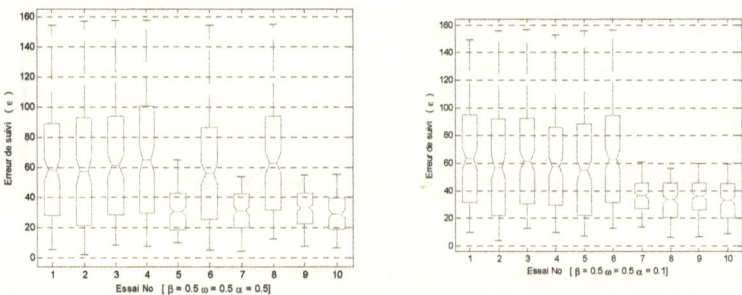

Figure 6.33 : Exemples de diagrammes en boîte de l'algorithme CamShift 3D avec la séquence OC1.

(a)

(b)

Figure 6.34 : Deux exemples illustrant le suivi de l'algorithme CamShift 3D
avec la séquence OC1 : un échec du suivi (a) et un succès du suivi (b).

6.6.4 - Séquence OC2

Le résultat du suivi de cible du CamShift 3D avec la séquence OC2 est donné en Annexe D.2 (Tableau D.2 et les figures D.3, D.4 et D.5). Un exemple de suivi est présenté en Figure D.6.

Dans le Tableau D.2, on note que le meilleur résultat (ρ=100) est obtenu lorsque la valeur de β est faible (β=0.1), ce qui était prévisible puisque la taille de la cible n'a pas subi de grands changements au cours de la séquence. En général, quand les valeurs des trois paramètres (β, ω et α) augmentent, le résultat se dégrade. Dans les figures D.3 et D.4, il ressort que la plus grande erreur de suivi ε se situe dans les images où la cible est partiellement occultée (aux alentours de l'image 65).

Le meilleur résultat de suivi est obtenu avec la combinaison de paramètres β=0.5, ω=0.1 et α=0.9.

6.6.5 - Séquence Univ

Le résultat du suivi de la cible dans la séquence Univ est présenté dans le Tableau 6.14 et les figures 6.35, 6.36 et 6.37.

La principale observation est l'échec du suivi de cible (ρ=0) dans cette séquence pour toutes les combinaisons de paramètres, échec dû à la complexité de la séquence. Comme avec la séquence précédente, le meilleur résultat relatif est obtenu quand les valeurs des paramètres sont faibles (β=0.1, ω=0.5 et α=0.1). Dans le cas où β=ω=α=0.1, l'algorithme donne un résultat raisonnable jusqu'à l'occultation complète de la cible, près de l'image 70 (Figure 6.38). Quand la valeur de β est égale à 0.5 ou plus, l'algorithme échoue dans le suivi de la cible dès le départ de la séquence, de nombreux pixels du fond étant rapidement considérés comme des pixels de la cible. En outre, nous notons que la p-valeur est généralement faible dans presque tous les cas, c.-à-d. qu'il y a divergence entre les résultats pour les 10 tests (Figure 6.37).

Tableau 6.14 : Variation de l'erreur de suivi, pourcentage de convergence et temps de calcul pour les différentes combinaisons de paramètres du CamShift 3D avec la séquence Univ.

			Pourcentage α du modèle d'histogramme précédent*											
			0.1				0.5				0.9			
			min	max	mean	p	min	max	mean	p	min	max	mean	p
β = 0.1 ω = 0.1	ε		0.29	177.4	47.6	0	0.24	177.5	47.9	0	0.69	177.5	50.6	1
	ρ		0				0				0			
	t		1.13				1.14				1.13			
β = 0.1 ω = 0.5	ε		1.71	101.5	38.2	0	2.55	139.4	40.3	0	2.59	128.1	40.6	0
	ρ		0				0				0			
	t		1.2				1.2				1.21			
β = 0.1 ω = 0.9	ε		7.62	153.8	74.4	0.809	8.54	152.6	74.1	0	6.32	152.2	69.3	0
	ρ		0				0				0			
	t		1.36				1.37				1.4			
β = 0.5 ω = 0.1	ε		0.92	228.5	65.8	0	1.61	226.9	75.4	0	3.19	189.9	38.2	0
	ρ		0				0				0			
	t		0.54				0.49				0.51			
β = 0.5 ω = 0.5	ε		4.49	137.7	57.8	0	1.42	139.3	65.9	0	3.2	140.9	67.5	0
	ρ		0				0				0			
	t		1.88				1.68				1.87			
β = 0.5 ω = 0.9	ε		5.57	146.5	50.6	0	3.29	173.6	58.4	0	7.28	151.6	67.4	0
	ρ		0				0				0			
	t		2.91				3.04				2.14			
β = 0.9 ω = 0.1	ε		0.38	228.2	67.6	0	3.89	227.3	61.2	0	1.43	198.4	53.8	0
	ρ		0				0				0			
	t		0.5				0.48				0.48			
β = 0.9 ω = 0.5	ε		3.78	140	63.6	0	2.85	147.6	66.2	0.004	4.09	138.9	62.5	0
	ρ		0				0				0			
	t		1.79				1.73				1.74			
β = 0.9 ω = 0.9	ε		6.32	191.9	84.4	0	2.7	171.2	68.4	0	1.11	189.4	75.0	0
	ρ		0				0				0			
	t		2.7				3.36				3.4			

Seuil de mise à jour ω du modèle et plage de variation β de la taille de l'objet*

* Voir le Tableau 6.10 pour la définition des variables.

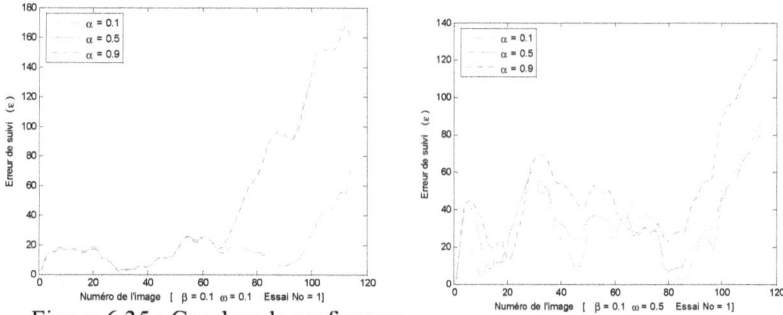

Figure 6.35 : Courbes de performance de l'algorithme CamShift 3D avec la séquence Univ.

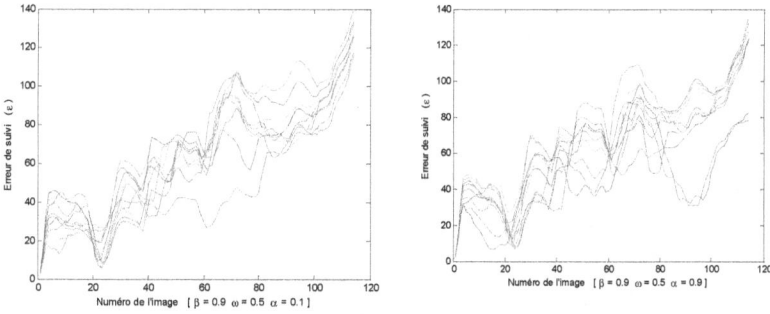

Figure 6.36 : Courbes de performance de l'algorithme CamShift 3D avec la séquence Univ.

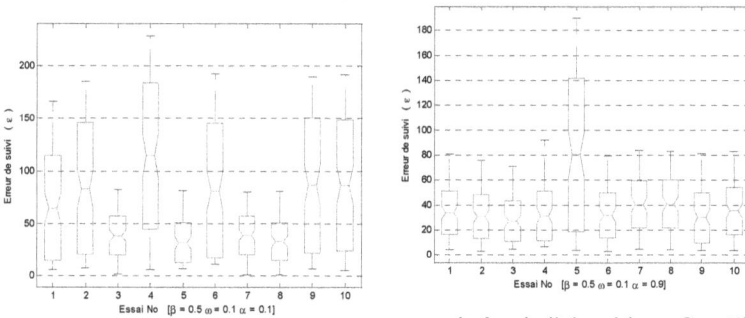

Figure 6.37 : Exemples de diagrammes en boîte de l'algorithme CamShift 3D avec la séquence Univ.

(a)

(b)

Figure 6.38 : Deux exemples illustrant le suivi de l'algorithme CamShift 3D
avec la séquence Univ.

6.7 - CamShift 2D

Dans cette section, nous étudions l'effet des différentes combinaisons de paramètres sur la variation des performances de l'algorithme CamShift 2D détaillé dans le chapitre 4, avec les séquences de test. Dans cette approche, le modèle d'histogramme est construit sur deux canaux de couleur : le premier correspond à la meilleure représentation de la cible et le second à la description la moins acceptable du fond.

6.7.1 - Séquence Road

Les résultats des tests présentés en Annexe E.1 dans le Tableau E.1 et les figures E.1, E.2 et E.3 indiquent que le suivi de cible échoue (ρ=0) pour toutes les combinaisons de paramètres.

Comme expliqué auparavant, la petite taille de la cible complique la construction d'un bon modèle de cible en utilisant la technique de CamShift. L'exemple donné dans la Figure E.4 montre le bon suivi du véhicule jusqu'à l'image 27 dans laquelle l'algorithme perd la cible. La p-valeur est généralement élevée (p-valeur≈1) pour presque toutes les configurations, c.-à-d. il y a convergence de résultat pour les 10 tests (diagrammes de boîte de la Figure E.3). Le meilleur résultat de suivi est obtenu avec la combinaison de paramètres β=0.1, ω=0.1 et α=0.1.

6.7.2 - Séquence HC1

Les résultats de suivi de la cible dans cette séquence sont présentés dans le Tableau 6.15 et les figures 6.39 et 6.40. Nous pouvons constater le succès du suivi (ρ=100) pour toutes les combinaisons de paramètres. La p-valeur est généralement élevée (p-valeur≈1) pour presque tous les cas. Le meilleur résultat de suivi pour cette séquence est obtenu avec la combinaison de paramètres β=0.1, ω=0.1 et α=0.9.

6.7.3 - Séquence OC1

Les résultats du suivi de la cible dans cette séquence sont donnés dans l'Annexe E.2, avec le Tableau E.1 et les figures E.5, E.6, et E.7. Un exemple de suivi est présenté dans la Figure E.8. Pour différentes combinaisons de paramètres, l'algorithme suit correctement la cible de la première à la dernière image de la séquence. Pour la combinaison $\beta=0.5$ et $\omega=0.1$, le pourcentage de convergence est de 100 pour toutes les valeurs de α. La p-valeur est généralement faible (p-valeur ≈ 0) pour presque tous les cas : il y a divergence des résultats. Nous notons l'erreur de suivi assez élevée lorsque la cible subit une occultation importante au voisinage de l'image 78. La Figure E.7 montre deux exemples de cette séquence ; à la première ligne, l'algorithme a perdu la cible, alors qu'à la deuxième ligne, il suit avec succès la cible. Le meilleur résultat de suivi est obtenu avec la combinaison de paramètres $\beta=0.9$, $\omega=0.5$ et $\alpha=0.5$.

Tableau 6.15 : Variation de l'erreur de suivi, pourcentage de convergence et temps de calcul pour les différentes combinaisons de paramètres du CamShift 2D avec la séquence HC1.

Seuil de mise à jour ω du modèle et plage de variation β de la taille de l'objet*

		Pourcentage α du modèle d'histogramme précédent*											
		0.1				0.5				0.9			
		min	max	mean	p	min	max	mean	p	min	max	mean	p
β = 0.1 ω = 0.1	ε	0.88	35.6	11.7	0.124	0.99	35.6	11.7	0.106	0.99	33.2	11.6	0.267
	ρ	100				100				100			
	t	0.36				0.36				0.36			
β = 0.1 ω = 0.5	ε	0.03	48.9	12.4	0.999	0.04	52	12.5	0.982	0.04	52.5	12.4	0.999
	ρ	100				100				100			
	t	0.34				0.34				0.34			
β = 0.1 ω = 0.9	ε	0.67	77.1	14.8	0.001	0.60	77.1	15.0	0.001	0.61	77.1	15.2	0
	ρ	100				100				100			
	t	0.35				0.35				0.35			
β = 0.5 ω = 0.1	ε	0.48	34.6	11.7	0.226	0.91	36.4	12.0	0.425	0.85	35.7	11.7	0.372
	ρ	100				100				100			
	t	0.36				0.36				0.35			
β = 0.5 ω = 0.5	ε	0.01	76.8	13.3	0.997	0.01	76.8	13.1	0.988	0.02	76.8	13.1	0.957
	ρ	100				100				100			
	t	0.34				0.34				0.34			
β = 0.5 ω = 0.9	ε	0.57	77.1	13.8	0.115	0.58	68.5	13.2	0.033	0.56	77.1	12.5	0.244
	ρ	100				100				100			
	t	0.36				0.35				0.35			
β = 0.9 ω = 0.1	ε	0.48	35.8	11.7	0.166	0.55	36.5	11.7	0.135	1.0	36.4	11.7	0.181
	ρ	100				100				100			
	t	0.35				0.36				0.35			
β = 0.9 ω = 0.5	ε	0.01	77.3	13.2	0.924	0.02	77.0	13.2	0.976	0.03	77.0	13.2	0.999
	ρ	100				100				100			
	t	0.35				0.36				0.36			
β = 0.9 ω = 0.9	ε	0.68	77.2	13.5	13.5	0.72	57.4	13.4	0.003	0.59	57.3	12.8	0.001
	ρ	100				100				100			
	t	0.36				0.37				0.36			

* Voir le Tableau 6.10 pour la définition des variables.

181

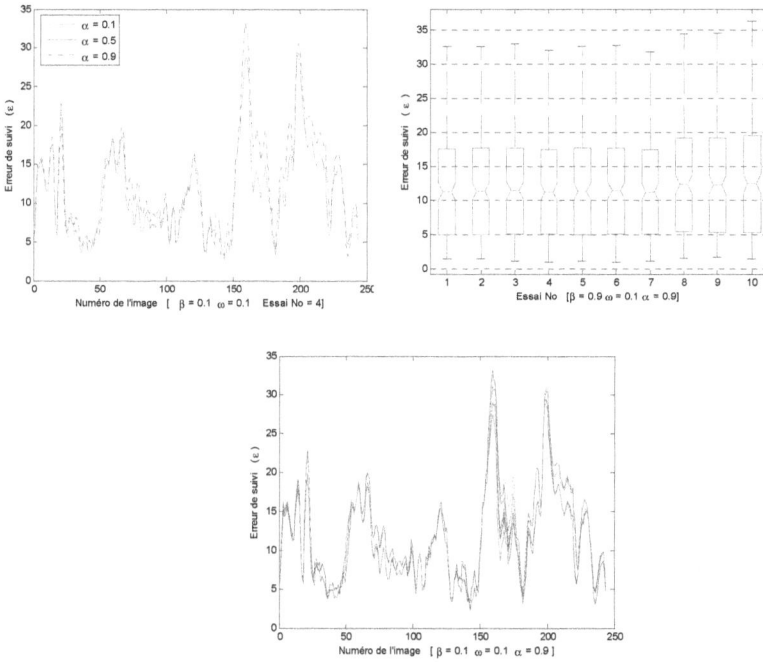

Figure 6.39 : Exemples de courbes de performance et diagrammes en boîte
de l'algorithme CamShift 2D avec la séquence HC1.

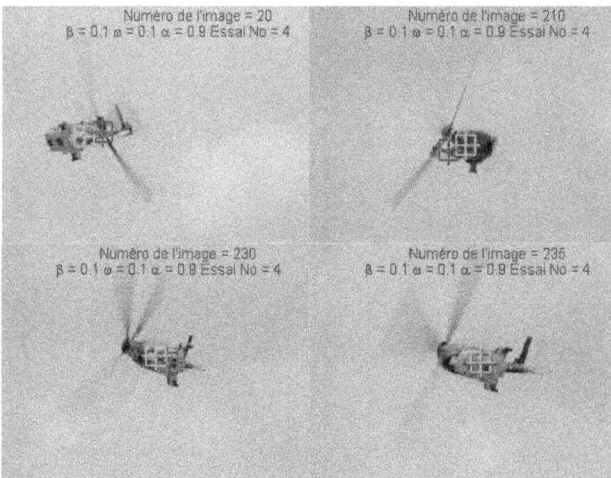

Figure 6.40 : Succès du suivi avec l'algorithme CamShift 2D sur la
séquence HC1.

6.7.4 - Séquence OC2

Les résultats de suivi dans cette séquence sont montrés dans le Tableau 6.16 et les figures 6.41, 6.42 et 6.43. Un exemple de suivi est présenté dans la Figure 6.44.

Nous pouvons noter dans le Tableau que l'algorithme arrive généralement à suivre la cible, avec une p-valeur assez basse (Tableau 6.16 et Figure 6.41). Comme précédemment, nous pouvons également noter que l'erreur de suivi ε est plus élevée autour des images dans lesquelles la cible est partiellement occultée (près de l'image 65). En outre, nous avons de bons résultats ($\rho=100$) quand la valeur de β est faible ($\beta=0.1$).

Le meilleur résultat de suivi pour cette séquence est obtenu avec la combinaison de paramètres $\beta=0.5$, $\omega=0.1$ et $\alpha=0.9$.

Tableau 6.16 : Variation de l'erreur de suivi, pourcentage de convergence et temps de calcul pour les différentes combinaisons de paramètres du CamShift 2D avec la séquence OC2.

Seuil de mise à jour ω du modèle et plage de variation β de la taille de l'objet*

		Pourcentage α du modèle d'histogramme précédent*											
		0.1				0.5				0.9			
		min	max	mean	p	min	max	mean	p	min	max	mean	p
β = 0.1 ω = 0.1	ε	0.15	65.6	14.6	0	0.87	66.1	14.1	0	0.26	66.2	13.4	0
	ρ	100				100				100			
	t	1.41				1.40				1.40			
β = 0.1 ω = 0.5	ε	1.46	216.2	66.8	0	1.42	232.9	73.4	0	1.21	215.6	75.6	0
	ρ	40				40				30			
	t	1.26				1.29				1.28			
β = 0.1 ω = 0.9	ε	7.1	218.0	104.8	0	5.39	218.9	106.2	0,004	6.32	221.2	106.6	0
	ρ	0				0				0			
	t	1.39				1.36				1.38			
β = 0.5 ω = 0.1	ε	0.28	75.1	15.8	0	0.4	66.7	14.9	0	0.24	47.5	13.4	0.241
	ρ	100				100				100			
	t	1.4				1.4				1.4			
β = 0.5 ω = 0.5	ε	1.33	121.9	29.0	0	1.02	105.7	22.1	0	1.0	104.7	23.9	0
	ρ	100				100				100			
	t	1.35				1.36				1.36			
β = 0.5 ω = 0.9	ε	1.01	216.1	91.1	0	0.52	211.7	92.1	0	1.67	211.9	82.5	0
	ρ	10				10				20			
	t	1.48				1.48				1.47			
β = 0.9 ω = 0.1	ε	0.49	94.4	18.3	0	0.29	77.9	14.0	0	0.24	68.4	13.9	0
	ρ	60				80				70			
	t	1.44				1.42				1.42			
β = 0.9 ω = 0.5	ε	1.21	114.3	24.7	0	0.59	110.5	25.4	0	0.68	114.0	30.1	0
	ρ	100				100				100			
	t	1.36				1.36				1.38			
β = 0.9 ω = 0.9	ε	0.74	134.9	52.5	0	1.22	146.8	53.1	0	0.56	169.4	50.5	0
	ρ	30				40				50			
	t	1.36				1.42				1.41			

* Voir le Tableau 6.10 pour la définition des variables.

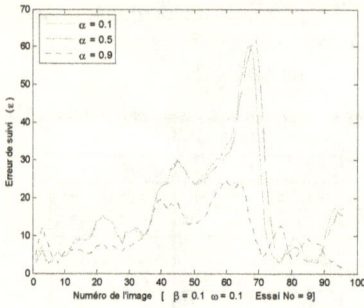

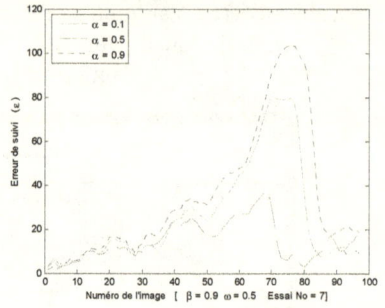

Figure 6.41 : Courbes de performance de l'algorithme CamShift 2D avec la séquence OC2.

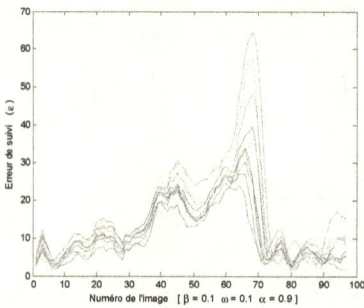

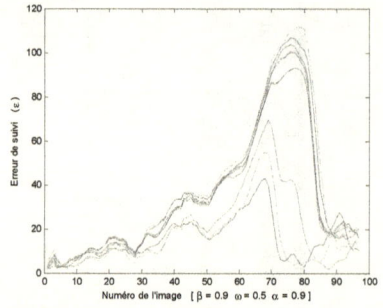

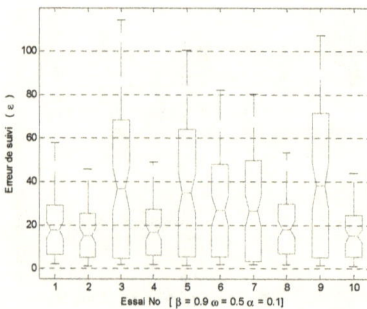

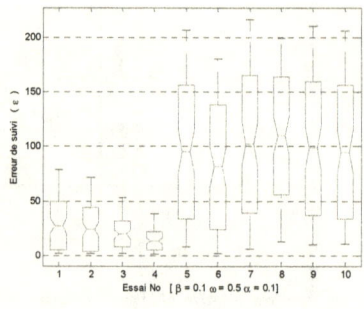

Figure 6.42 : Courbes de performance de l'algorithme CamShift 2D avec la séquence OC2.

Figure 6.43 : Exemples de diagrammes en boîte de l'algorithme CamShift 2D avec la séquence OC2.

Figure 6.44 : Succès du suivi avec l'algorithme CamShift 2D sur la
séquence OC2.

6.7.5 - Séquence Univ

Les résultats de suivi de la cible dans la séquence Univ sont montrés dans
le Tableau 6.17 et les figures 6.45, 6.46 et 6.47. On peut noter l'échec du
suivi de cible (ρ=0) dans cette séquence pour quasiment toutes les
combinaisons de paramètres.

Tableau 6.17 : Variation de l'erreur de suivi, pourcentage de convergence et temps de calcul pour les différentes combinaisons de paramètres du CamShift 2D avec la séquence Univ.

Seuil de mise à jour ω du modèle et plage de variation β de la taille de l'objet*		Pourcentage α du modèle d'histogramme précédent*											
		0.1				0.5				0.9			
β = 0.1, ω = 0.1	ε	min	max	mean	p	min	max	mean	p	min	max	mean	p
		0.44	60.1	21.0	0.992	0.29	60.2	20.9	0.999	0.67	60.5	20.9	0.983
	ρ	0				0				0			
	t	1.16				1.16				1.16			
β = 0.1, ω = 0.5	ε	min	max	mean	p	min	max	mean	p	min	max	mean	p
		0.64	99.7	33.1	0	1.46	91.9	32.2	0	1.27	134.9	30.1	0
	ρ	0				0				0			
	t	1.18				1.18				1.16			
β = 0.1, ω = 0.9	ε	min	max	mean	p	min	max	mean	p	min	max	mean	p
		2.06	127.7	41.9	0	0.74	127.8	39.8	0	1.57	128.6	37.7	0
	ρ	0				0				0			
	t	1.19				1.2				1.19			
β = 0.5, ω = 0.1	ε	min	max	mean	p	min	max	mean	p	min	max	mean	p
		0.67	61.7	20.4	0.996	0.40	60.5	20.7	0.996	0.46	60.1	20.3	0.999
	ρ	0				0				0			
	t	1.17				1.17				1.17			
β = 0.5, ω = 0.5	ε	min	max	mean	p	min	max	mean	p	min	max	mean	p
		1.47	57.4	21.1	0.966	1.29	55.8	21.1	0.966	1.1	57.6	21.1	21.1
	ρ	0				0				0			
	t	1.35				1.35				1.35			
β = 0.5, ω = 0.9	ε	min	max	mean	p	min	max	mean	p	min	max	mean	p
		1.03	153.3	48.0	0	4.46	144.1	48.8	0	0.96	144.6	55.9	0
	ρ	20				0				0			
	t	1.36				1.37				1.38			
β = 0.9, ω = 0.1	ε	min	max	mean	p	min	max	mean	p	min	max	mean	p
		1.27	80.3	22.5	0	0.67	60.34	20.7	0.994	0.36	60.1	21.1	0.884
	ρ	0				0				0			
	t	1.2				1.18				1.19			
β = 0.9, ω = 0.5	ε	min	max	mean	p	min	max	mean	p	min	max	mean	p
		2.87	138.5	40.2	0	2.47	149.0	46.2	0	1.74	153.6	47.0	0
	ρ	0				0				0			
	t	1.32				1.34				1.33			
β = 0.9, ω = 0.9	ε	min	max	mean	p	min	max	mean	p	min	max	mean	p
		0.94	145.6	60.8	0	1.35	145.6	64.2	0	2.05	144.8	55.3	0
	ρ	0				0				0			
	t	1.4				1.44				1.42			

* Voir le Tableau 6.10 pour la définition des variables.

L'algorithme suit la cible avec succès avec un pourcentage de convergence faible (ρ=20) pour une seule combinaison de paramètres qui fournit donc le meilleur résultat de suivi (β=0.5, ω=0.9 et α=0.1).

La p-valeur est généralement très basse pour presque tous les cas
(Tableau 6.17 et Figure 6.47). Deux exemples de suivi sont présentés dans
les Figure 6.48 et Figure 6.49.

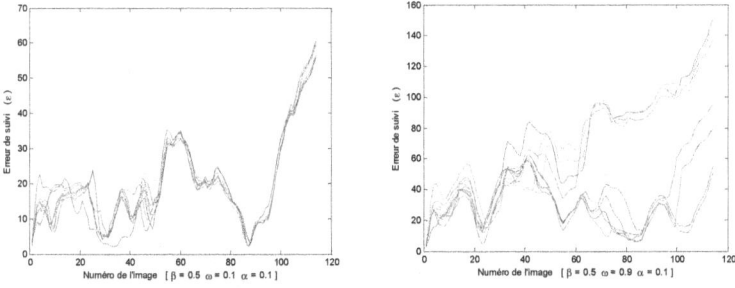

Figure 6.45 : Courbes de performance de l'algorithme CamShift 2D avec la
séquence Univ.

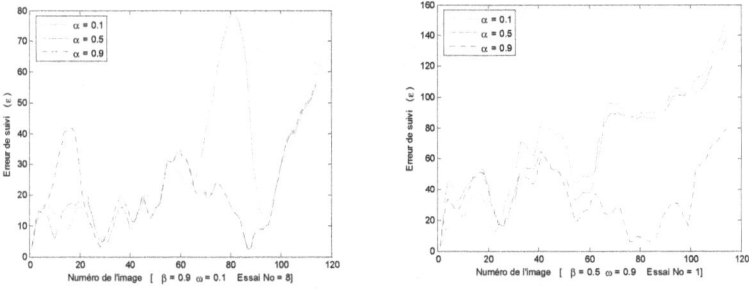

Figure 6.46 : Courbes de performance de l'algorithme CamShift 2D avec la
séquence Univ.

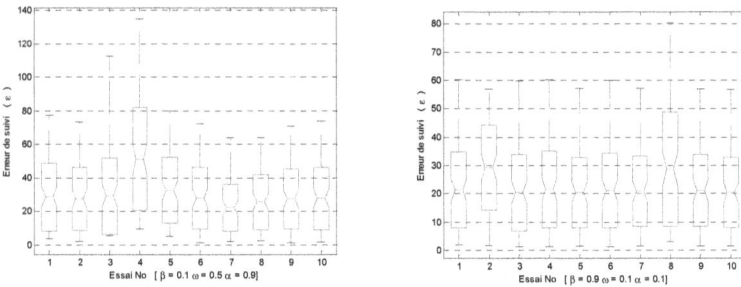

Figure 6.47 : Exemples de diagrammes en boîte de l'algorithme CamShift
2D avec la séquence Univ.

Figure 6.48 : Echec du suivi avec l'algorithme CamShift 2D sur la séquence Univ.

189

Figure 6.49 : Succès du suivi avec l'algorithme CamShift 2D sur la
séquence Univ.

6.8 - CamShift 1D

Dans cette section, nous étudions l'effet des différentes combinaisons de paramètres sur la variation des performances de la méthode de suivi d'objet détaillée dans le chapitre 5. Cette méthode combine une mise en correspondance de points d'intérêt et l'approche CamShift dans des séquences d'images en niveaux gris.

6.8.1 - Séquence Road

Les résultats de suivi de la cible dans cette séquence sont présentés dans le Tableau 6.18 et les figures 4.49, 6.50 et 6.51. Nous pouvons constater l'échec du suivi ($\rho=0$) pour toutes les combinaisons de paramètres.

Le meilleur résultat de suivi pour cette séquence est obtenu avec la combinaison de paramètres $\beta=0.1$, $\omega=0.1$ et $\alpha=0.5$.

6.8.2 - Séquence HC1

Les résultats des tests avec cette séquence présentés en Annexe F.1 dans le Tableau F.1 et les figures F.1, F.2 et F.3 indiquent que le suivi de cible est effectif ($\rho=100$) pour toutes les combinaisons de paramètres. La p-valeur est généralement importante (p-valeur≈1) pour presque tous les cas.

Le meilleur résultat de suivi est obtenu avec la combinaison de paramètres $\beta=0.5$, $\omega=0.1$ et $\alpha=0.9$. Un exemple de suivi est présenté dans la Figure F.4.

Tableau 6.18 : Variation de l'erreur de suivi, pourcentage de convergence et temps de calcul pour les différentes combinaisons de paramètres du CamShift 1D avec la séquence Road.

			0.1				0.5				0.9			
			min	max	mean	p	min	max	mean	p	min	max	mean	p
β = 0.1 ω = 0.1	ε		1.94	34.8	18.2	0.394	1.75	34.8	18.1	0.294	1.78	34.8	18.4	0.927
	ρ		0				0				0			
	t		0.21				0.22				0.22			
β = 0.1 ω = 0.5	ε		1.67	50.2	25.9		1.73	51.2	25.6	0.444	1.77	49.1	25.4	0.186
	ρ		0				0				0			
	t		0.29				0.27				0.27			
β = 0.1 ω = 0.9	ε		3.21	86.1	50.6	0	3.79	85.9	51.4	0	3.96	86.2	52.4	0
	ρ		0				0				0			
	t		0.13				0.13				0.14			
β = 0.5 ω = 0.1	ε		1.97	38.1	19.8	0	1.72	34.3	19.3	0.101	1.73	33.5	19.2	0.116
	ρ		0				0				0			
	t		0.26				0.24				0.24			
β = 0.5 ω = 0.5	ε		1.74	38.9	25.3	0.458	1.69	38.4	25.3	0.069	1.74	38.6	25.2	0.161
	ρ		0				0				0			
	t		0.28				0.32				0.28			
β = 0.5 ω = 0.9	ε		1.71	39.2	23.9	0	1.7	37.8	22.2	0	1.95	39.2	23.4	0
	ρ		0				0				0			
	t		0.3				0.27				0.27			
β = 0.9 ω = 0.1	ε		1.99	33.8	19.3	0.028	1.71	36.1	19.5	0.195	1.75	31.5	19.4	0.089
	ρ		0				0				0			
	t		0.25				0.25				0.26			
β = 0.9 ω = 0.5	ε		1.67	38.8	25.8	0.029	1.71	38.7	25.7	0.368	1.67	40.6	25.9	0
	ρ		0				0				0			
	t		0.33				0.36				0.31			
β = 0.9 ω = 0.9	ε		1.95	38.0	24.8	0	1.73	38.9	24.8	0	1.75	43.8	25.4	0
	ρ		0				0				0			
	t		0.32				0.31				0.26			

Pourcentage α du modèle d'histogramme précédent*

Seuil de mise à jour ω du modèle et plage de variation β de la taille de l'objet*

* Voir le Tableau 6.10 pour la définition des variables.

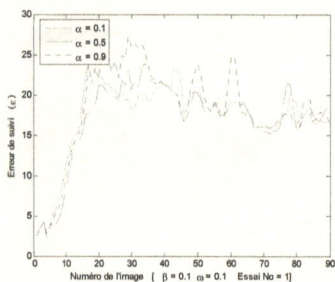

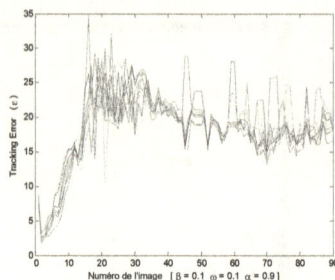

Figure 6.50 : Exemples de courbes de performance de l'algorithme
CamShift 1D avec la séquence Road.

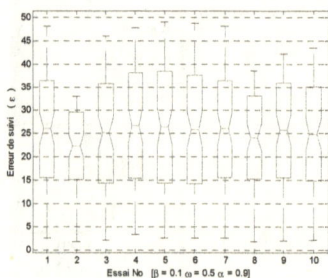

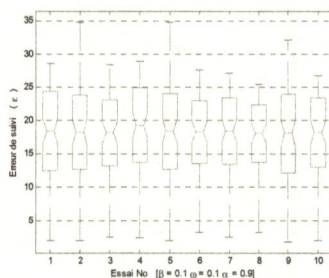

Figure 6.51 : Exemples de diagrammes en boîte de l'algorithme CamShift
1D avec la séquence Road.

Figure 6.52 : Echec du suivi avec l'algorithme CamShift 1D sur la séquence
Road.

6.8.3 - Séquence OC1

Les résultats de suivi dans cette séquence sont montrés dans le Tableau 6.19 et les figures 6.52, 6.53 et 6.54. Un exemple de suivi est présenté dans la Figure 6.55.

Pour différentes combinaisons des paramètres, l'algorithme suit correctement la cible du début à la fin de la séquence. Pour la combinaison $\beta=0.5$ et $\omega=0.1$, le pourcentage de convergence est de 100 pour toutes les valeurs de α. La p-valeur est généralement faible (p-valeur$\approx$0) pour presque tous les cas. Nous pouvons noter que l'erreur de suivi est assez élevée quand la cible subit une occultation importante autour de l'image 78. La Figure 6.55 montre deux exemples de cette séquence : à la première ligne, l'algorithme échoue dans le suivi de la cible, alors qu'à la seconde ligne, il suit avec succès la cible.

Le meilleur résultat de suivi pour cette séquence est obtenu avec la combinaison de paramètres $\beta=0.9$, $\omega=0.5$ et $\alpha=0.1$.

Tableau 6.19 : Variation de l'erreur de suivi, pourcentage de convergence et temps de calcul pour les différentes combinaisons de paramètres du CamShift 1D avec la séquence OC1.

			Pourcentage α du modèle d'histogramme précédent*											
			0.1				0.5				0.9			
Seuil de mise à jour ω du modèle et plage de variation β de la taille de l'objet*	$\beta = 0.1$ $\omega = 0.1$	ε	min	max	mean	p	min	max	mean	p	min	max	mean	p
			3.17	296.8	115.1	0.998	2.53	304.2	114.2	0.999	3.16	304.2	115.0	0.999
		ρ	0				0				0			
		t	0.45				0.45				0.43			
	$\beta = 0.1$ $\omega = 0.5$	ε	min	max	mean	p	min	max	mean	p	min	max	mean	p
			6.93	314.9	117.5	0.904	8.5	314.5	115.4	0.346	7.8	316	117.2	0.655
		ρ	0				0				0			
		t	0.69				0.7				0.69			
	$\beta = 0.1$ $\omega = 0.9$	ε	min	max	mean	p	min	max	mean	p	min	max	mean	p
			10.44	331.8	132.2	0.098	6.58	366.8	136.4	0	4.1	353.5	141.8	0.057
		ρ	0				0				0			
		t	0.88				0.82				0.89			
	$\beta = 0.5$ $\omega = 0.1$	ε	min	max	mean	p	min	max	mean	p	min	max	mean	p
			1.65	297.5	113.6	0.990	4.49	297.4	114.7	0.999	4.42	296.6	114.4	0.999
		ρ	0				0				0			
		t	0.47				0.47				0.46			
	$\beta = 0.5$ $\omega = 0.5$	ε	min	max	mean	p	min	max	mean	p	min	max	mean	p
			4.15	320.3	45.4	0	4.79	329.6	58.2	0	3.46	324.0	65.5	0
		ρ	0				0				0			
		t	0.97				0.97				0.98			
	$\beta = 0.5$ $\omega = 0.9$	ε	min	max	mean	p	min	max	mean	p	min	max	mean	p
			2.99	355.8	140.0	0	2.7	356.2	98.8	0	3.04	354.6	71.3	0
		ρ	0				0				0			
		t	2.1				1.73				1.64			
	$\beta = 0.9$ $\omega = 0.1$	ε	min	max	mean	p	min	max	mean	p	min	max	mean	p
			4.45	296.6	115.2	0.999	4.88	296.4	114.5	0.999	1.46	292.0	114.3	0.999
		ρ	0				0				0			
		t	0.45				0.45				0.46			
	$\beta = 0.9$ $\omega = 0.5$	ε	min	max	mean	p	min	max	mean	p	min	max	mean	p
			0.95	325.6	43.5	0	1.91	328.3	45.8	0	1.4	325.8	44.1	0
		ρ	0				0				0			
		t	1.05				1.06				1.07			
	$\beta = 0.9$ $\omega = 0.9$	ε	min	max	mean	p	min	max	mean	p	min	max	mean	p
			3.89	364.3	164.9	0	3.29	366.0	148.1	0	3.65	363.9	173.9	0
		ρ	0				0				0			
		t	2.17				2.18				2.18			

* Voir le Tableau 6.10 pour la définition des variables.

195

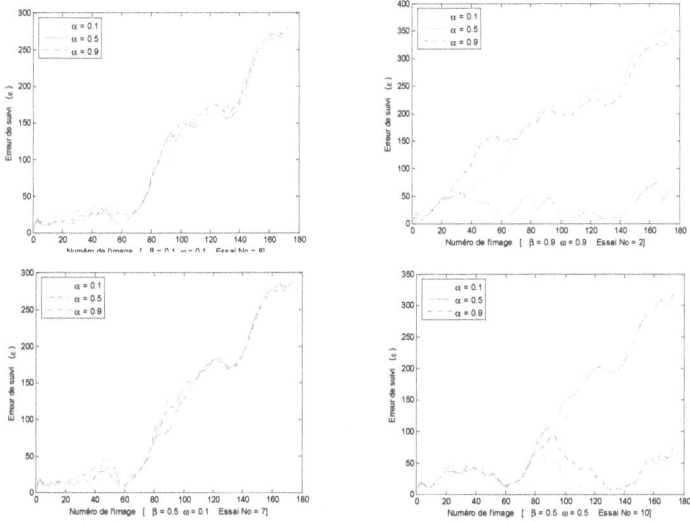

Figure 6.53 : Exemples de courbes de performance pour le CamShift 1D
sur la séquence OC1.

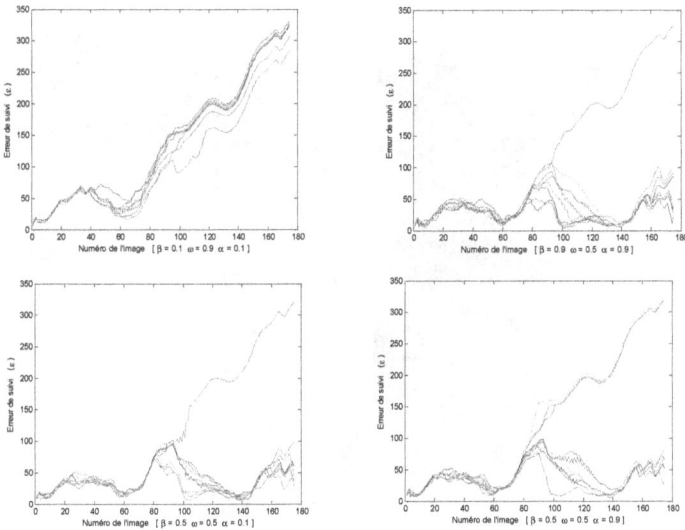

Figure 6.54 : Exemples de courbes de performance pour le CamShift 1D
sur la séquence OC1.

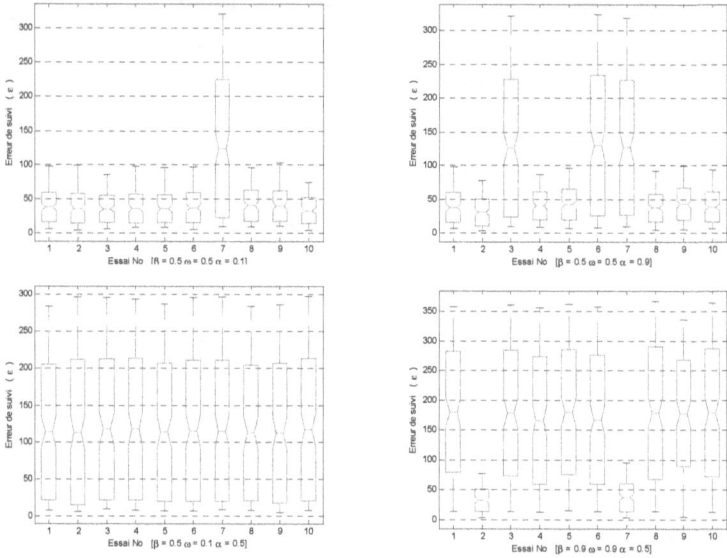

Figure 6.55 : Exemples de diagrammes en boîte pour le CamShift 1D sur la séquence OC1.

(a)

(b)

Figure 6.56 : Deux exemples de suivi avec l'algorithme CamShift 1D sur la séquence OC1.

6.8.4 - Séquence OC2

Les résultats de suivi dans cette séquence sont montrés dans le

198

Tableau 6.19 et les figures 6.56, 6.57 et 6.58.

Nous pouvons noter dans le Tableau que l'algorithme arrive à suivre la cible avec de nombreuses combinaisons des paramètres. Généralement, le pourcentage de la convergence est proche de 50% et la p-valeur est très faible (Tableau 6.19 et Figure 6.58). Comme avec le CamShift 3D et 2D, nous constatons que l'erreur de suivi est minimale quand la valeur de β est basse. Un exemple d'échec du suivi est présenté dans la Figure 6.59 alors que la Figure 6.60 expose un autre exemple dans lequel l'algorithme suit avec succès la cible.

Le meilleur résultat de suivi est obtenu avec la combinaison de paramètres β=0.1, ω=0.1 et α=0.9.

6.8.5 - Séquence Univ

Les résultats de suivi de la cible avec cette séquence sont montrés dans l'Annexe F.2. La Tableau F.2 et les figures F.5, F.6 et F.7. Un exemple de suivi est présenté dans la Figure F.8.

Nous notons la complexité de cette séquence, comme avec le CamShift 3D et 2D, à travers les résultats du suivi donnés dans le Tableau F.2. L'algorithme échoue dans le suivi de la cible (ρ=0) pour toutes les combinaisons de paramètres.

Nous indiquons également que la p-valeur est généralement faible (p-valeur≈0) pour tous les cas, ce qui signifie que la différence entre les moyennes des différents tests est importante (diagrammes en boîte dans la Figure F.7).

Le meilleur résultat de suivi pour cette séquence est obtenu avec la combinaison de paramètres β=0.1, ω=0.9 et α=0.9.

Tableau 6.20 : Variation de l'erreur de suivi, pourcentage de convergence et temps de calcul pour les différentes combinaisons de paramètres du CamShift 1D avec la séquence OC2.

Seuil de mise à jour ω du modèle et plage de variation β de la taille de l'objet*

		Pourcentage α du modèle d'histogramme précédent*											
		0.1				0.5				0.9			
		min	max	mean	p	min	max	mean	p	min	max	mean	p
β = 0.1 ω = 0.1	ε	1.1	237.7	29.8	0	0.98	188.2	33.4	0	0.67	190.6	20.0	0
	ρ	70				60				80			
	t	0.43				0.44				0.42			
β = 0.1 ω = 0.5	ε	2.33	240.6	65.7	0	1.95	211.4	59.9	0	2.35	190.6	57.6	0
	ρ	10				20				20			
	t	0.53				0.51				0.51			
β = 0.1 ω = 0.9	ε	5.49	214.5	42.7	0	4.61	215.3	53.8	0	5.55	190.3	46.1	0
	ρ	80				60				60			
	t	0.93				0.87				0.76			
β = 0.5 ω = 0.1	ε	0.94	192.6	34.0	0	1.26	200.1	27.8	0	1.39	212.0	36.5	0
	ρ	40				70				60			
	t	0.43				0.42				0.41			
β = 0.5 ω = 0.5	ε	2.65	200.2	48.1	0	2.64	192.9	47.7	0	2.52	198.8	55.2	0
	ρ	40				30				20			
	t	0.55				0.53				0.52			
β = 0.5 ω = 0.9	ε	6.49	53.1	28.2	0.404	6.91	67.5	28.8	0.049	6.45	64.3	28.4	0.001
	ρ	0				0				0			
	t	0.98				0.97				0.96			
β = 0.9 ω = 0.1	ε	1.81	246.6	43.2	0	1.38	206.2	53.6	0	1.37	192.9	32.8	0
	ρ	50				20				50			
	t	0.42				0.46				0.44			
β = 0.9 ω = 0.5	ε	3.14	198.8	47.3	0	2.64	192.9	47.7	0	1.58	190.2	37.7	0
	ρ	30				30				40			
	t	0.57				0.55				0.54			
β = 0.9 ω = 0.9	ε	5.77	61.2	28.2	0.080	6.49	72.3	27.9	0.074	3.44	57.2	28.4	0.266
	ρ	0				0				0			
	t	0.96				0.97				0.98			

* Voir le Tableau 6.10 pour la définition des variables.

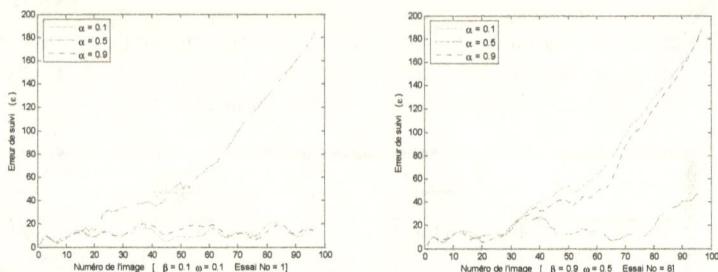

Figure 6.57 : Exemples de courbes de performance de l'algorithme CamShift 1D avec la séquence OC2.

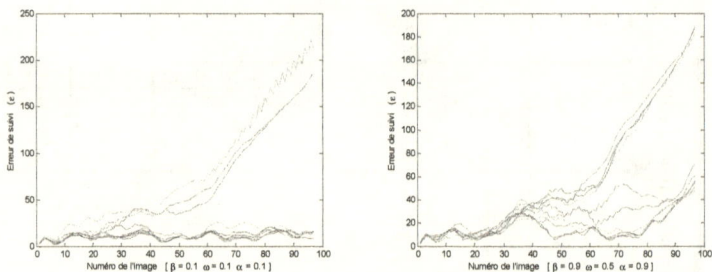

Figure 6.58 : Exemples de courbes de performance de l'algorithme CamShift 1D avec la séquence OC2.

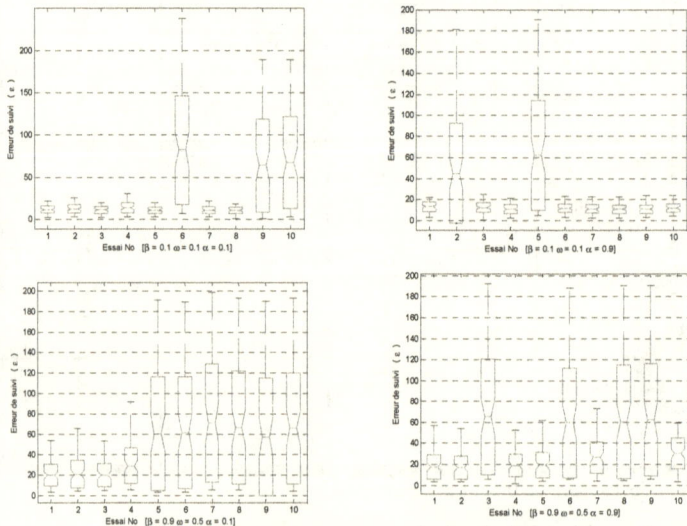

Figure 6.59 : Exemples de diagrammes en boîte de l'algorithme CamShift 1D avec la séquence OC2.

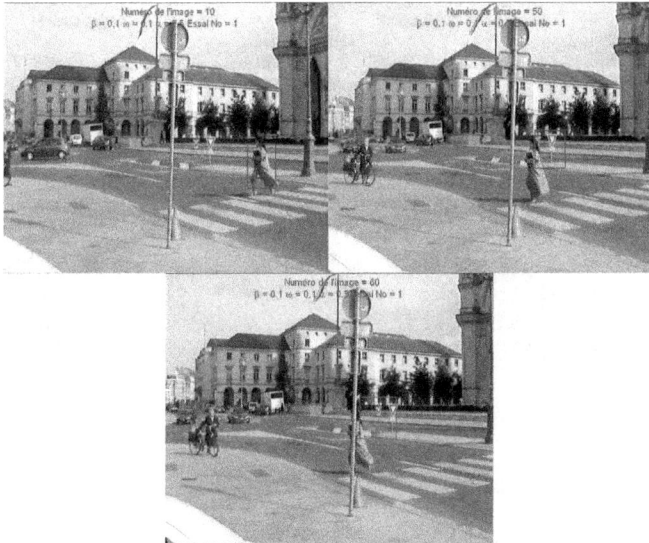

Figure 6.60 : Echec du suivi avec l'algorithme CamShift 1D sur la séquence OC2.

Figure 6.61 : Succès du suivi avec l'algorithme CamShift 1D sur la
séquence OC2.

6.9 - *Comparaisons des Techniques de Suivi*

Pour pouvoir comparer les cinq techniques de suivi évaluées sur les séquences de test, une synthèse des combinaisons de paramètres de configuration de chaque technique est donnée dans le Tableau 6.21 ; celui-ci expose les combinaisons permettant de fournir le résultat optimal de suivi. Les résultats de suivi optimaux, quant à eux, sont présentés dans le Tableau 6.22.

Tableau 6.21 : Combinaisons des paramètres permettant d'obtenir le suivi optimal avec les différentes techniques de suivi sur toutes les séquences de test.

		Technique de suivi				
		NSFM	FP	CamShift 3D	CamShift 2D	CamShift 1D
Séquence de test	Road	$\xi = 0.9$ $\delta = 0.3$	$Pd = 0.1$ $Np = 10$	$\beta = 0.1$ $\omega = 0.1$ $\alpha = 0.1$	$\beta = 0.1$ $\omega = 0.1$ $\alpha = 0.5$	$\beta = 0.1$ $\omega = 0.1$ $\alpha = 0.5$
	HC1	$\xi = 0.1$ $\delta = 0.1$	$Pd = 0.1$ $Np = 1$	$\beta = 0.5$ $\omega = 0.1$ $\alpha = 0.5$	$\beta = 0.1$ $\omega = 0.1$ $\alpha = 0.9$	$\beta = 0.5$ $\omega = 0.1$ $\alpha = 0.9$
	OC1	$\xi = 0.1$ $\delta = 0.3$	$Pd = 0.1$ $Np = 1$	$\beta = 0.5$ $\omega = 0.1$ $\alpha = 0.5$	$\beta = 0.9$ $\omega = 0.1$ $\alpha = 0.5$	$\beta = 0.9$ $\omega = 0.5$ $\alpha = 0.1$
	OC2	$\xi = 0.5$ $\delta = 0.3$	$Pd = 0.3$ $Np = 10$	$\beta = 0.5$ $\omega = 0.1$ $\alpha = 0.9$	$\beta = 0.5$ $\omega = 0.1$ $\alpha = 0.9$	$\beta = 0.1$ $\omega = 0.1$ $\alpha = 0.9$
	Univ	$\xi = 0.5$ $\delta = 0.9$	$Pd = 0.5$ $Np = 20$	$\beta = 0.1$ $\omega = 0.5$ $\alpha = 0.1$	$\beta = 0.5$ $\omega = 0.9$ $\alpha = 0.1$	$\beta = 0.1$ $\omega = 0.9$ $\alpha = 0.9$

* Voir les tableaux 6.2, 6.5 et 6.10 pour la définition des variables.

Dans la suite de cette section, des commentaires généraux sont faits, tout d'abord sur chaque séquence de test, puis pour sur chaque technique de suivi.

Tableau 6.22 : Résultats optimaux de suivi avec les différentes techniques de suivi sur toutes les séquences de test.

			Technique de suivi																			
			NSFM				FP				CamShift 3D				CamShift 2D				CamShift 1D			
Séquence de test	Road	ε	min	max	mean	p	min	max	mean	p	min	max	mean	p	min	max	mean	p	min	max	mean	p
			0.1	1.9	0.82	1.0	0	43	16	0.02	0.06	117	28.8	0	0.3	79.2	15.5	0.429	1.75	34.8	18.1	0.294
		ρ	100				0				0				0				0			
		t	0.2				0.63				0.28				1.21				0.22			
	HC1	ε	min	max	mean	p	min	max	mean	p	min	max	mean	p	min	max	mean	p	min	max	mean	p
			0.15	40.6	8.2	0.046	0	48.0	9.28	0.208	0.47	45.2	12	0.999	0.99	33.2	11.6	0.267	0.35	33.6	9.13	0.983
		ρ	100				100				100				100				100			
		t	1.08				0.65				0.37				0.36				0.24			
	OC1	ε	min	max	mean	p	min	max	mean	p	min	max	mean	p	min	max	mean	p	min	max	mean	p
			9.6	430	183	0.96	1	451	208	0.815	0.13	60.0	22.1	0.003	0.45	77.3	15.6	0.009	0.95	325	43	0
		ρ	0				0				100				100				0			
		t	1.25				0.88				0.41				0.39				1.05			
	OC2	ε	min	max	mean	p	min	max	mean	p	min	max	mean	p	min	max	mean	p	min	max	mean	p
			3.2	281	132	1.0	0	42	10	0.996	2.45	65.9	19.6	0.015	0.24	47.5	13.4	0.241	0.67	790	20	0
		ρ	0				100				100				100				20			
		t	7.3				0.96				1.41				1.4				0.42			
	Univ	ε	min	max	mean	p	min	max	mean	p	min	max	mean	p	min	max	mean	p	min	max	mean	p
			0.32	57.7	31.7	0	0	229	38	0	1.71	101	38	0	1.03	153	48	0	3.44	120	55	0
		ρ	0				40				0				20				0			
		t	7.76				2.38				1.2				1.36				0.72			

Commentaires sur chaque séquence

Séquence Road :

Seule la technique NSFM suit la cible avec succès avec un pourcentage de convergence élevé (ρ=100) et une p-valeur importante (p-value=1). Les autres techniques échouent dans le suivi de la cible, avec une p-valeur généralement faible. La raison principale de cet échec est la taille de la cible qui diminue au fur et à mesure que le véhicule s'éloigne : pour le FP et les techniques de CamShift, la petite taille de l'objet rend difficile la distinction entre la cible et le fond.

Séquence HC1 :

Bien que le mouvement de l'objet soit complexe et les changements d'éclairement de la scène considérables, toutes les techniques permettent de suivre correctement la cible, avec des pourcentages de convergence pour toutes les techniques atteignant 100. La raison de ce succès est la simplicité de la séquence et la différence importante des niveaux de gris entre la cible et le fond.

Séquence OC1 :

Le CamShift 3D et le CamShift le 2D sont les deux seules techniques qui permettent de suivre avec succès la cible. Ceci est dû en grande partie à la richesse de l'information traitée puisque ces deux techniques travaillent sur des images couleur, contrairement aux trois autres. Dans les deux cas, le pourcentage de convergence atteint 100 et la p-valeur est nulle, ce qui indique que chacune des deux techniques fournit les mêmes résultats sur les dix essais bien que les initialisations soient différentes. Les trois autres techniques échouent dans le suivi.

Séquence OC2 :

Le NSFM est l'unique technique à échouer dans le suivi de la personne dans cette séquence. Les autres techniques arrivent à suivre la cible, avec un pourcentage de convergence de 100 pour le FP, le CamShift 3D et le

CamShift 2D, et un pourcentage de convergence seulement de 20 pour le CamShift 1D (le bon déroulement du suivi dépend de l'initialisation du processus). Il est clair que cette séquence est bien plus simple que les séquences OC1 et Univ au niveau de la complexité de la cible et du fond ainsi que de la manière dont se déroule l'occultation.

Séquence Univ :
La complexité de cette séquence explique l'échec de la plupart des techniques dans le suivi de la cible. En fait, seuls le FP et le CamShift 2D obtiennent de bons résultats de suivi de la cible avec des pourcentages de convergence néanmoins assez faibles et une p-valeur nulle pour tous les cas.

Commentaires sur chaque technique de suivi

Technique de NSFM :
Cette technique fournit le meilleur résultat pour les séquences dans lesquelles le niveau gris de la cible et celui du fond sont différents, même lorsque la taille de la cible est petite. Par contre, le NSFM ne convient pas pour un suivi d'objet dans les séquences où il y a un arrière-plan complexe, à savoir avec beaucoup de régions, chacune présentant un niveau de gris moyen différent et/ou une texture différente. Les résultats de suivi sont généralement très robustes avec une erreur de suivi très petite. Enfin le temps de calcul est très élevé comparé à celui des autres techniques étudiées.

Technique de FP :
Il est très difficile, avec cette technique, de suivre une cible de petite taille, ceci découlant du principe même de la technique. Par contre, le FP permet un suivi raisonnable dans les séquences avec une cible et/ou un

fond complexes. Généralement, le temps de calcul dédié à l'algorithme de suivi est faible, mais la stabilité du résultat dépend de la séquence.

Technique de CamShift 3D :

Cette technique fournit normalement de bons résultats, même lorsque la cible et/ou le fond sont complexes, du fait d'un traitement sur images couleur. Habituellement, la stabilité du résultat de suivi est très élevée, avec un temps de traitement assez faible, hormis pour la séquence OC2. L'erreur de suivi est légèrement plus importante comparée à celle des autres techniques ; ceci s'explique, en prenant exemple sur les séquences HC1 et OC2, par le fait que les cartes de distribution de probabilité ne se limitent pas uniquement à la cible mais intègrent également des pixels de l'arrière-plan, en faible quantité, certes, mais suffisamment pour que l'estimation du centre de masse soit erronée.

Technique de CamShift 2D :

Bien que la qualité du résultat de suivi des petits objets soit très mauvaise, nous considérons cette technique comme la meilleure technique de suivi parmi toutes celles étudiées : le temps de calcul est faible et la robustesse du résultat de suivi est bonne, hormis pour la séquence OC2. Nous pouvons constater que les temps de traitement du CamShift 2D et du CamShift 3D sont sensiblement identiques quand les résultats fournis sont corrects. Ceci est dû au fait que, parce que la résolution du modèle d'histogramme est de 32 niveaux, la différence de temps de calcul est moins importante entre les 2 techniques. De plus, le gain apporté par le passage du 3D au 2D est compensé par le temps nécessaire à la détermination des deux canaux colorimétriques du modèle d'histogramme.

Technique de CamShift 1D :

Le modèle de la cible construit sur l'histogramme étant peu fiable, la qualité des résultats de suivi avec les séquences de test est très basse. Bien que la perte d'information de couleur dans cette technique ait été compensée par l'approche des points d'intérêt, les résultats de suivi sont corrects uniquement avec la séquence de test la plus simple d'entre elles, à savoir HC1, et présentent une stabilité assez faible avec une autre séquence caractérisée par une complexité moyenne (OC2). Dans ces deux cas, les temps de calcul sont parmi les plus faibles.

6.10 - Conclusions

L'évaluation de la qualité du suivi d'objet est de contribuer de manière significative à l'amélioration des techniques de suivi de cible. Dans ce chapitre, nous avons présenté un cadre simple mais efficace pour évaluer les performances de cinq techniques de suivi, évaluation basée sur la déviation par rapport au GT.

Grâce à la démarche proposée, nous avons montré les résultats quantitatifs de l'évaluation sur cinq séquences de test présentant des caractéristiques particulières : mouvement complexe de l'objet et de la caméra, occultations partielles et complète de l'objet, forme complexe de l'objet et changements d'éclairement. L'erreur de suivi et le pourcentage de convergence permettent de mesurer la précision et la robustesse des techniques de suivi.

Nous proposons que l'évaluation de la performance soit réalisée en premier lieu par rapport au pourcentage de convergence le plus élevé, puis suivant la valeur minimale de l'erreur moyenne de suivi, vient ensuite la valeur maximale de la p-valeur et finalement le coût en temps de calcul minimal.

Les principales conclusions concernant la comparaison des techniques de suivi d'objet sont les suivantes :

- Comme prévu, toutes les techniques de suivi étudiées fournissent de bons résultats avec des pourcentages de convergence élevés et des erreurs minimales de suivi quand elles sont utilisées sur des séquences dans l'arrière-plan est suffisamment simple avec un niveau de gris moyen différent de celui de la cible et quand la taille de la cible est assez grande.

- Si le fond est complexe alors que la cible est de petite taille ou qu'elle change de forme (séquence LESI présentée dans la section 2.5), la technique du NSFM donne le meilleur résultat de suivi avec une robustesse bien plus importante.

- Pour les séquences avec un fond complexe et/ou des cibles complexes, le CamShift 2D génère les meilleurs résultats de suivi parmi l'ensemble des cinq techniques.

- Généralement, pour les séquences avec des occultations complexes de la cible, le FP et le CamShift 2D fournissent les résultats de suivi les plus viables.

- De toutes les techniques étudiées, le CamShift 1D donne les plus mauvais résultats de suivi. Ceci signifie que, dans le cas de séquences d'images complexes, la prédiction du déplacement de la cible entre deux images successives par la mise en correspondance des points d'intérêt ne compense pas le manque d'information de l'image niveaux de gris par rapport à l'image couleur.

Chapitre 7 : Conclusion Générale et Perspectives

7.1 - Conclusion

Le suivi d'objet est une tâche importante dans le domaine de la vision par ordinateur. Le travail décrit dans cette thèse a été motivé par le besoin d'implanter un algorithme de suivi d'objet dans un système à base de DSP. Nous avons choisi un cadre d'étude sans connaissances a priori sur la cible ni phase d'apprentissage, et considérons le problème de suivi d'un seul objet dans les séquences d'images en niveaux de gris. L'objectif est d'étudier différentes techniques de suivi et de réaliser une analyse comparative entre ces techniques afin de sélectionner l'approche optimale.

Trois approches de suivi ont été étudiées : l'approche des courbes de niveau, le filtre de particules et le MeanShift.

De manière plus précise, à partir de la première approche, une technique de segmentation et une technique de suivi ont été développées. L'algorithme de segmentation proposé utilise la méthode "Fast Marching" pour intégrer l'information statistique de région et l'information de gradient afin de segmenter l'objet à suivre. La technique de suivi présentée est un algorithme de courbes de niveau modifié basé sur le signe de la fonction de vitesse des courbes de niveau au lieu de sa valeur, ceci afin d'améliorer le coût calculatoire. De plus, cette technique est couplée à une technique de voisinage, améliorant ainsi la robustesse de l'algorithme de suivi.

Concernant l'approche de filtrage particulaire, bien qu'elle soit habituellement employée avec des séquences couleur, nous avons présenté un algorithme amélioré de filtre de particules approprié au suivi d'objet dans des séquences d'images en niveaux de gris. Nous proposons également une extension de gestion d'occultation de l'objet à suivre reposant sur l'algorithme de filtrage particulaire.

A partir du principe de fonctionnement général du MeanShift, nous avons proposé deux techniques de suivi basées sur l'approche de CamShift : la première est une approche de suivi d'objet pour des séquences d'images couleur. Le modèle de cible est construit sur deux canaux de couleur dont l'un correspond à la meilleure représentation de la cible et l'autre à la moins bonne description du fond. La deuxième technique est une approche de suivi pour des séquences d'images en niveaux de gris ; celle-ci intègre alors l'approche de CamShift et une technique de mise en correspondance de points caractéristiques.

Dans la dernière partie de ce travail, nous présentons des critères d'évaluation et de comparaison afin d'estimer les performances de chaque technique et réaliser une comparaison quantitative entre les techniques de suivi proposées en utilisant cinq séquences de test. L'analyse de la variance de l'erreur des résultats de suivi a été utilisée pour estimer la robustesse des techniques mises en œuvre. Bien que le CamShift 3D et le CamShift 2D concernent les images couleur, nous les considérons comme référence de comparaison.

Les techniques basées sur le LSM ont été implantées dans un DSP à virgule fixe TMS320C6711 de Texas Instruments. La technique de NSFM a répondu à la contrainte de fonctionnement en temps réel lors du suivi d'objet de taille raisonnable. La qualité du suivi offerte par toutes les techniques basées sur le LSM confirme les conclusions données dans le dernier chapitre : la qualité du suivi avec le LSM dépend de la complexité de l'objet et de l'arrière-plan.

De plus, toutes les techniques ont été mises en application et testées dans l'environnement Visual C++ afin de créer un démonstrateur ; elles fournissent toutes des résultats proches de la contrainte de fonctionnement temps réel.

Les conclusions suivantes peuvent être dressées :

- L'initialisation de la cible à suivre a un impact qualitatif et quantitatif sur le résultat de suivi : obtenir un bon résultat de segmentation permet d'améliorer les performances des techniques de suivi.

- Les techniques de suivi proposées dans cette thèse se sont avérées fonctionner correctement dans beaucoup de situations différentes. Cependant, elles dépendent fortement de certains facteurs qui rendent la tâche de suivi extrêmement difficile :
  o La combinaison des paramètres de chaque algorithme ;
  o La complexité de structure de l'objet et de l'arrière-plan ;
  o La valeur moyenne de niveau de gris et toute autre caractéristique d'homogénéité de l'objet et de l'arrière-plan ;
  o Les occlusions partielles et totales de l'objet.

- Ce travail a démontré qu'une modélisation statistique a permis de quantifier la performance de suivi des différentes techniques sur les mêmes séquences de test. Cependant, nous avons constaté que notre mesure de comparaison n'est pas optimale car l'erreur de suivi est uniquement basée sur le centre de masse de la cible. En fait, une cible peut être représentée par sa forme et/ou son apparence suivant l'algorithme et l'application. Pour les applications de suivi, la cible est généralement représentée par un centre de la masse, un squelette de cible, une forme géométrique primitive (telle qu'un rectangle ou une ellipse), sa silhouette ou encore le contour de la cible. Ainsi le critère que nous avons utilisé – le centre de masse – fournit une information approximative concernant la différence entre le résultat issu de la vérité terrain et le résultat de l'algorithme. Ajouter d'autres mesures au centre de masse devrait nous permettre d'améliorer la caractérisation de la performance de suivi et l'évaluation de la comparaison.

- En l'état actuel d'avancement de ce travail, il apparaît que les approches proposées sont plutôt orientées vers des applications d'asservissement de caméra en vue de suivre un objet particulier dans la scène. Il semble délicat d'utiliser nos approches dans des applications où il est nécessaire d'extraire la forme de l'objet en vue, par exemple, d'une reconnaissance automatique ou d'une transmission d'image avec compression.

215

7.2 - Perspectives

Beaucoup de perspectives émergent de ce travail et pourraient améliorer ce travail :

- Bien que les séquences de test utilisés et le nombre d'essais réalisés dans l'évaluation des performances soient représentatifs et conséquents, nous devons être prudents en généralisant nos résultats car :
  - o La séquence de test est limitée en taille et disparité ;
  - o Le nombre d'essais n'est pas grand.

  En conséquence, nous pensons qu'ajouter d'autres séquences de test présentant différentes caractéristiques, augmenter le nombre d'essais et enrichir le nombre de techniques de suivi ne peut qu'améliorer la comparaison entre les techniques de suivi.

- L'étude de la variation du résultat de suivi par rapport à la définition des paramètres de chaque technique doit être considérée plus en détails. Pour chaque technique, nous devons étudier l'influence de chaque paramètre sur le résultat ainsi que son degré d'influence. La conception des expérimentations peut être employée comme exemple [82] pour un meilleur réglage des paramètres et modéliser l'influence des paramètres sur le résultat.

- Comme écrit précédemment dans ce travail, chaque technique de suivi présente des qualités et des défauts quant à son utilisation dans telle ou telle situation. C'est un grand défi que de tenter de combiner les qualités des différentes techniques pour atteindre une bonne qualité de suivi et une grande robustesse contre le bruit et les imperfections généralement rencontrés dans les séquences d'images réelles [37] [83].

- En complément de la perspective précédente, combiner l'approche des points d'intérêt avec les techniques proposées peut être très efficace pour améliorer la qualité des résultats des techniques de suivi [84], [85].

- L'adjonction d'une technique de prédiction du déplacement de l'objet à suivre [86], [87], d'une approche multi-résolution [88], [89] et de la technique multibloc proposée dans [23] peut permettre d'obtenir un outil efficace pour surmonter la complexité du problème de suivi d'objet et améliorer certains aspects des techniques de suivi.

Il faudra enfin penser à modifier et sûrement améliorer les différentes techniques afin de pouvoir réaliser le suivi d'objets multiples, peut-être plus dans le cadre d'un asservissement de caméra mais plutôt, par exemple, pour une application de vidéosurveillance.

Bibliographie

1. Black, M. and A. Jepson. *A Probabilistic Framework for Matching Temporal Trajectories: Condensation-Based Recognition of Gestures and Expressions.* in *European Conference on Computer Vision.* 1998.
2. Menser, B. and M. Brunig. *Face detection and tracking for video coding applications.* in *In 34th Asilomar Conference on Signals, Systems and Computers.* 2000. Pacific Grove, California, USA.
3. Philip, M., et al. *A Real-time Computer Vision System for Measuring Traffic Parameters.* in *IEEE Computer Society Conference on Computer Vision and Pattern Recognition* 1997.
4. Greiffenhagen, M., et al. *Statistical modeling and performance characterization of a real-time dual camera surveillance system.* in *Computer Vision and Pattern Recognition.* 2000.
5. Otsu, N., *A Threshold Selection Method From Gray Level Histogram.* IEEE Transactions on Systems, Man and Cybernetics, 1979: p. 62-66.
6. Cheriet, M., J. Said, and C. Suen, *A Recursive Thresholding Technique for Image Segmentation.* IEEE Transactions on Image Processing, 1998. **7**(6): p. 918-921.
7. Kass, M., A. Witkin, and D. Terzopoulos, *Snakes: Active contour models.* International Journal of Computer Vision, 1988. **1**(4): p. 321-331.
8. Caselles, V., R. Kimmel, and G. Sapiro. *Geodesic active contours.* in *International Conference on Computer Vision.* 1995. Boston, USA
9. Parger, J., *Extracting and Labelling Boundary Segments in Natural Scenes.* IEEE Transactions on Pattern Analysis and Machine Intelligence, 1980. **2**(1): p. 291-310.
10. Chang, Y.-L. and L. Xiaobo, *Adaptive image region-growing.* IEEE Transactions on Image Processing, 1994. **3**(6): p. 868-872.
11. Nock, R. and F. Nielsen, *Statistical region merging.* IEEE Transactions on Pattern Analysis and Machine Intelligence, 2004. **26**(11): p. 1452-1458.
12. Haddon, J. and J. Boyce, *Image segmentation by unifying region and boundary information.* IEEE Transactions on Pattern Analysis and Machine Intelligence, 1990. **12**(10): p. 929-948.

13.	Pavlidis, T. and Y. Liow, *Integrating region growing and edge detection.* IEEE Transactions on Pattern Analysis and Machine Intelligence, 1990. **12**(3): p. 225-233.

14.	Moscheni, F., S. Bhattacharjee, and M. Kunt, *Spatio-temporal segmentation based on region merging.* IEEE Transactions on Pattern Analysis and Machine Intelligence, 1998. **20**(9): p. 897-915.

15.	Yezzi, A., A. Tsai, and A. Willsky, *A fully global approach to image segmentation via coupled curve evolution equations* Journal of Visual Communication and Image Representation, 2002. **13**: p. 195–216.

16.	Chan, T. and L. Vese, *Active contours without edges.* IEEE Transactions on Image Processing, 2001. **10**(2): p. 266-277.

17.	Chan, T., B. Sandberg, and L. Vese, *Active contours without edges for Vector-Valued Images.* Journal of Visual Communication and Image Representation, 2000. **11**(Tony F. Chan,2 B. Yezrielev Sandberg,3 and Luminita A. Vese4): p. 130–141.

18.	Gibou, F. and R. Fedkiw. *A Fast Hybrid k-Means Level Set Algorithm for Segmentation.* in *4th Annual Hawaii International Conference on Statistics and Mathematics.* 2005.

19.	Sethian, J., *Level Set Methods.* 1996: Cambridge University Press.

20.	Adams, R. and L. Bischof, *Seeded Region Growing.* IEEE Transactions on Pattern Analysis and Machine Intelligence, 1994. **16**(6): p. 641-647.

21.	Gambotto, J.-P., *A New Approach to Combining Region Growing and Edge Detection.* Pattern Recognition Letters, 1993. **14**: p. 869-875.

22.	Yilmaz, A., O. Javed, and M. Shah, *Object Tracking: A Survey* ACM Computing Surveys, 2006. **38**(4).

23.	Canals, R., et al., *A Biprocessor-Oriented Vision-Based Target Tracking System.* IEEE Transactions on Industrial Electronics, 2002. **49**(2): p. 500-506.

24.	Nguyen, V. and Y. Tan, *Fast Block-Based Motion Estimation Using Integral Frames.* IEEE Signal Processing Letters, 2004. **11**(9).

25.	Osher, S. and J. Sethian, *Fronts Propagating with Curvature Dependent Speed: Algorithms Based on Hamilton-Jacobi Formulations.* Journal of Computational Physics, 1988. **79**: p. 12-49.

26.	Fedkiw, R., G. Sapiro, and C.-W. Shu, *Shock Capturing, Level Sets, And Based Methods in Computer Vision and Image Processing: A Review of Osher's Contributions.* Journal of Computational Physics, 2003. **185**: p. 309-341.

27.	Adalsteinsson, D. and J. Sethian, *A Fast Level Set Method for Propagating Interfaces.* Journal of Computational Physics, 1995. **118**(2): p. 269-277.

28. Mansouri, A.-R., T. Chomaud, and J. Konrad. *A comparative evaluation of algorithms for fast computation of level set PDEs with applications to motion segmentation.* in *International Conference on Image Processing.* 2001. Thessaloniki, Greece: IEEE.

29. Nilsson, B. and A. Heyden, *A Fast Algorithm for Level Set Like Active Contours.* Pattern Recognition Letters, 2003. **24**(9): p. 1331-1337.

30. Ganoun, A. and R. Canals. *A New Fast Level Set Method.* in *6th NORDIC Signal Processing Symposium.* 2004. Espoo, Finland.

31. Song, B. and T. Chan, *A Fast Algorithm For Level Set Based Optimization.* 2002, UCLA CAM Report,.

32. Ganoun, A. and R. Canals. *Approche Robuste de Suivi d'Objet.* in *ORASIS 2005* 2005. Fournols, France.

33. Ganoun, A., R. Canals, and S. Treuillet. *Approche de Suivi d'Objet par Courbes de Niveau* in *GRETSI 2005.* 2005. Louvain-la-Neuve - Belgique

34. Rasmussen, C. and G. Hager, *Probabilistic Data Association Methods for Tracking Complex Visual Objects.* IEEE Transactions on Pattern Analysis and Machine Intelligence, 2001. **23**(6): p. 560-576.

35. Gordon, N., D. Salmond, and C. Ewing, *Bayesian State Estimation for Tracking and Guidance Using the Bootstrap Filter.* Journal of Guidance, Control and Dynamics ******1995. **18**(6): p. 1434-1443.

36. Isard, M. and A. Blake, *CONDENSATION - Conditional Density Propagation for Visual Tracking.* International Journal of Computer Vision, 1998. **29**(1): p. 5-28.

37. Nummiaro, K., E. Koller-Meier, and L. Van Gool. *A Color-Based Particle Filter.* in *First International Workshop on Generative-Model-Based Vision.* 2002.

38. Perez, P., et al. *Color-based Probabilistic Tracking.* in *European Conference on Computer Vision.* 2002.

39. Jepson, A., D. Fleet, and T. El-Maraghi, *Robust Online Appearance Models for Visual Tracking.* IEEE Transactions on Pattern Analysis and Machine Intelligence, 2003. **25**(10): p. 1296-1311.

40. Zhou, S., R. Chellappa, and B. Moghaddam. *Appearance Tracking Using Adaptive Models In a Particle Filter.* in *Asian Conference on Computer Vision.* 2004.

41. Irani, M. and P. Anandan, *A unified approach to moving object detection in 2D and 3D scenes.* IEEE Transactions on Pattern Analysis and Machine Intelligence 1998. **20**(6): p. 577-589.

42. Cheng, Y., *Mean Shift, Mode Seeking, and Clustering.* IEEE Transactions on Pattern Analysis and Machine Intelligence, 1995. **17**(8): p. 790-799.

43. Comaniciu, D., V. Ramesh, and P. Meer, *Kernel-based object tracking.* IEEE Transactions on Pattern Analysis and Machine Intelligence, 2003. **25**(5): p. 564-577.

44. Intel Corporation, *Open Computer Vision Library, Reference Manual.* 2001.

45. Allen, J., R. Xu, and J. Jin. *Object Tracking Using CamShift Algorithm and Multiple Quantized Feature Spaces.* in *Pan-Sydney Area Workshop on Visual Information Processing.* 2003. Sydney, Australia.

46. Bradski, G., *Computer Vision Face Tracking For Use in a Perceptual User Interface.* Intel Technology Journal, 1998. **Q2**.

47. Ould-Dris, N., A. Ganoun, and R. Canals. *Improved Object Tracking With Camshift Algorithm.* in *IEEE ICASSP.* 2006. Toulouse, France.

48. Ganoun, A., N. Ould-Dris, and R. Canals. *Tracking System Using CamShift and Feature Points.* in *EUSIPCO.* 2006. Italy.

49. Pingali, S. and J. Segen. *Performance evaluation of people tracking systems.* ******1996.

50. Brown, L., et al. *Performance Evaluation of Surveillance Systems Under Varying Conditions.* in *IEEE Int'l Workshop on Performance Evaluation of Tracking and Surveillance.* 2005.

51. McCall, J.C. and M.M. Trivedi. *Performance evaluation of a vision based lane tracker designed for driver assistance systems.* 2005.

52. Correia, P.L. and F. Pereira, *Objective evaluation of video segmentation quality.* Image Processing, IEEE Transactions on, 2003. **12**(2): p. 186-200.

53. Erdem, C., B. Sankur, and A. Tekalp, *Performance measures for video object segmentation and tracking.* IEEE Transactions on Image Processing, 2004. **13**(7): p. 937-951.

54. Black, J., T. Ellis, and P. Rosin. *A Novel Method for Video Tracking Performance Evaluation.* in *International Workshop on Visual Surveillance and Performance Evaluation of Tracking and Surveillance.* 2003. Nice, France.

55. Cavallaro, A. and F. Ziliani. *Characterisation of tracking performance.* in *6th International Workshop on Image Analysis for Multimedia Interactive Services.* 2005. Montreux, Switzerland.

56. Sethian, J., *Evaluation, Implementation, and Application of Level Set and Fast Marching Methods for advancing Fronts.* Journal of Computational Physics, 2001. **169**: p. 503-555.

57. Sifakis, E., C. Garcia, and G. Tziritas, *Bayesian Level Sets for Image Segmentation.* Journal of Visual Communication and Image Representation 2002. **13**: p. 44-64.

58. Malladi, R., J. Sethian, and B. Vemuri, *Shape modeling with front propagation: a level set approach.* IEEE Transactions on Pattern Analysis and Machine Intelligence, 1995. **17**(2): p. 158-175.

59. Shapiro, L. and G. Stockman, *Computer vision.* 2001, Upper Saddle River, NJ: Prentice Hall. xx, 580.

60. Mansouri, A.-R., *Region tracking via level set PDEs without motion computation.* IEEE Transactions on Pattern Analysis and Machine Intelligence, 2002. **24**(7): p. 947-961.

61. Zhu, S.C. and A. Yuille, *Region competition: unifying snakes, region growing, and Bayes/MDL for multiband image segmentation.* IEEE Transactions on Pattern Analysis and Machine Intelligence, 1996. **18**(9): p. 884-900.

62. Adalsteinsson, D. and J. Sethian, *The Fast Construction of Extension Velocities in Level Set Methods.* Journal of Computational Physics, 1999. **148**(1): p. 2-22.

63. She, K., et al. *Vehicle tracking using on-line fusion of color and shape features.* in *IEEE International Conference on Intelligent Transportation Systems.* 2004. Washington, DC.

64. Kitagawa, G., *Monte Carlo Filter and Smoother for Non-Gaussian Nonlinear State Space Models.* Journal of Computational and Graphical Statistics, **1996. **5**(1): p. 1-25.

65. Gordon, N.J., D.J. Salmond, and A.F.M. Smith, *Novel approach to nonlinear/non-Gaussian Bayesian state estimation.* IEE Proceedings on Radar and Signal Processing, 1993. **140**(2): p. 107-113.

66. Jacquot, A., P. Sturm, and O. Ruch. *Adaptative Tracking of Non-Rigid Object Based on Color Histograms and Automatic Parameter Selection.* in *ORASIS.* 2001.

67. Sohail, K., et al., *Bhattacharyya Coefficient in Correlation of Grey-Scale Objects* Journal of Multimedia, 2006. **1**(1): p. 56-61.

68. Oppenheim, A. and R. Schafer, *Discrete-time signal processing.* Prentice-Hall signal processing series. 1989, Englewood Cliffs, N.J.: Prentice Hall.

69. Nummiaro, K., E. Koller-Meier, and L. Van Gool. *Object Tracking with an Adaptive Color-Based Particle Filter.* in *Symposium for Pattern Recognition of the DAGM.* 2002.

70. Comaniciu, D. and P. Meer, *Mean Shift: a Robust Approach Toward Feature Space Analysis.* IEEE Transactions on Pattern Analysis and Machine Intelligence, 2002. **24**(5): p. 603-619.

71. Canny, J., *A computational approach to edge detection.* IEEE Transactions on Pattern Analysis and Machine Intelligence, 1986. **8**(6): p. 679-698.

72. Swain, M. and D. Ballard, *Color Indexing.* International Journal of Computer Vision, 1991. **7**(1): p. 11-32.

73. Freeman, W.T., et al. *Computer vision for computer games*. 1996.

74. Harris, C. and M. Stephens. *A Combined Corner and Edge Detector*. in *4th ALVEY Vision Conference*. 1988. Manchester, UK.

75. Schmid, C. and R. Mohr, *Local grayvalue invariants for image retrieval*. IEEE Transactions on Pattern Analysis and Machine Intelligence, 1997. **19**(5): p. 530-535.

76. Zuliani, M., C. Kenney, and B. Manjunath. *A Mathematical Comparison of Point Detectors*. 2004.

77. Golightly, I. and D. Jones, *Corner detection and matching for visual tracking during power line inspection*. Image and Vision Computing, 2003. **21**(9): p. 827-840.

78. Howarth, P. and S. Ruger, *Robust Texture Features for Still-Image Retrieval*. IEE Proceedings - Vision, Image, and Signal Processing, 2005. **152**(6): p. 868-874.

79. Mikolajczyk, K. and C. Schmid, *A performance evaluation of local descriptors*. IEEE Transactions on Pattern Analysis and Machine Intelligence, 2005. **27**(10): p. 1615-1630.

80. Schmid, C., R. Mohr, and C. Bauckhage, *Evaluation of Interest Point Detectors*. International Journal of Computer Vision, 2000. **37**(2): p. 151-172.

81. Collins, R., L. Yanxi, and M. Leordeanu, *Online Selection of Discriminative Tracking Features*. Pattern Analysis and Machine Intelligence, IEEE Transactions on, 2005. **27**(10): p. 1631-1643.

82. Lucas, Y., et al., *Design of Experiments for Performance Evaluation and Parameter Tuning of a Road Image Processing Chin*. Journal of Applied Signal Processing, 2006.

83. Maggio, E. and A. Cavallaro. *Hybrid Particle Filter and Mean Shift tracker with adaptive transition model*. in *IEEE International Conference on Acoustics, Speech, and Signal Processing*. 2005.

84. Brown, M. and D. Lowe. *Invariant Features from Interest Point Groups*. in *British Machine Vision Conference*. 2002. Cardiff, UK.

85. Mikolajczyk, K. and C. Schmid, *Scale & Affine Invariant Interest Point Detectors*. International Journal of Computer Vision, 2004. **60**(1): p. 63-86.

86. Zhao, T. and R. Nevatia, *Tracking multiple humans in complex situations*. IEEE Transactions on Pattern Analysis and Machine Intelligence, 2004. **26**(9): p. 1208-1221.

87. Sankaranarayanan, A., R. Chellappa, and Z. Qinfen. *Tracking Objects in Video Using Motion and Appearance Models*. in *International Conference on Image Processing* 2005.

88. Lindeberg, T., *Feature Detection with Automatic Scale Selection*. International Journal of Computer Vision, 1998. **30**(2): p. 79-116.

89. Bretzner, L., *Multi-Scale Feature Tracking and Motion Estimation*, in *Computational Vision and Active Perception Laboratory*. 1999, Stockholm: Stockholm. p. 160.

www.ingramcontent.com/pod-product-compliance
Lightning Source LLC
Chambersburg PA
CBHW021038210326
41598CB00016B/1060

* 9 7 8 3 8 4 1 6 2 6 3 6 3 *